Md. Shafiqul Islam
Sarwar Hossain

Garantir a segurança da água potável para a comunidade costeira

Md. Shafiqul Islam
Sarwar Hossain

Garantir a segurança da água potável para a comunidade costeira

Segurança e sustentabilidade da água

Imprint

Any brand names and product names mentioned in this book are subject to trademark, brand or patent protection and are trademarks or registered trademarks of their respective holders. The use of brand names, product names, common names, trade names, product descriptions etc. even without a particular marking in this work is in no way to be construed to mean that such names may be regarded as unrestricted in respect of trademark and brand protection legislation and could thus be used by anyone.

Cover image: www.ingimage.com

This book is a translation from the original published under ISBN 978-620-7-64974-7.

Publisher:
Sciencia Scripts
is a trademark of
Dodo Books Indian Ocean Ltd. and OmniScriptum S.R.L publishing group

120 High Road, East Finchley, London, N2 9ED, United Kingdom
Str. Armeneasca 28/1, office 1, Chisinau MD-2012, Republic of Moldova, Europe
Printed at: see last page
ISBN: 978-620-7-93580-2

Reconhecimento

Recordando todas as pessoas da comunidade, os inquiridos e a pessoa-chave pelo seu apoio alargado, foi possível trazer à luz este estudo. Recebemos muito apoio dos nossos colegas e de outros funcionários para realizar com êxito as tarefas e recolher amostras de água. Além disso, estamos muito satisfeitos com Shamsuddin Ahmed, químico sénior, que nos ajudou a preparar o relatório do teste de qualidade da água. Agradecemos sinceramente a todos pelos seus discursos e competências académicas. Estendemos também a nossa admiração a todas as partes interessadas que nos deram apoio útil para a continuação do estudo.

Resumo/ Síntese

O fornecimento de água potável fresca e a preços acessíveis é um dos principais desafios do desenvolvimento no Bangladesh. Assegurar água potável segura é um problema grave nas regiões costeiras do Bangladesh, onde se regista uma intrusão de salinidade nas águas subterrâneas. Sendo vítimas de catástrofes naturais (impactos das alterações climáticas), muitas pessoas da região costeira consomem água afetada por cloretos e poucas bebem água da chuva, que não está disponível na estação seca. Além disso, a maioria das pessoas bebe diretamente a água do lago que é recolhida através do sistema de filtro de areia do lago. O objetivo do estudo é identificar a situação geral do abastecimento de água na zona rural de Patharghata e diagnosticar os desafios existentes no fornecimento de água potável segura à comunidade costeira.

Os dados primários e as percepções das pessoas sobre a água potável foram recolhidos através de um inquérito por questionário e de testes à água realizados no laboratório zonal da DPHE de Barisal. Para além disso, foram utilizados documentos dos Censos, relatórios da DPHE, relatórios de organizações das Nações Unidas, relatórios da UNICEF sobre o Inquérito de Indicadores Múltiplos de Grupos e artigos de jornais para obter informações de fontes secundárias. Este estudo concentrou-se em duas alas das uniões de Patharghata e Charduani na upazila de Patharghata. No total, foram utilizadas 95 amostras aleatórias para este estudo. Este estudo concluiu que a maioria das pessoas não tem acesso a fontes de água potável fresca e que um certo número de pessoas utiliza fontes que não estão disponíveis durante todo o ano. Reconhece-se também que todas as fontes de poços tubulares pouco profundos são excessivamente afectadas pelo cloreto e que a água dos lagos está, na sua maioria, contaminada por E.coli. Por conseguinte, o Governo deve adotar projectos adicionais de abastecimento de água na região costeira, onde as águas subterrâneas são afectadas pela salinidade. O governo local e as ONG devem avançar para um programa de consciencialização e motivação da comunidade costeira sobre a importância de uma gestão segura da água potável.

Tabela de Conteúdos

1. Introdução

1.1 Antecedentes

A água tem características muito especiais. A água pura e potável é incolor, inodora, insípida, transparente, reflecte a luz e tem a qualidade de solvente. A água potável é considerada um dos direitos humanos universais que estão incluídos no Índice de Desenvolvimento Humano (IDH). A água é considerada um dos principais instrumentos de qualidade de vida para as pessoas civilizadas. A escassez de água é a principal preocupação nas regiões costeiras devido à intrusão de salinidade no Bangladesh (Rahman et al., 2017). Garantir o abastecimento de água doce em diferentes partes do país tornou-se um dos principais desafios de desenvolvimento em muitos países. Os países membros das Nações Unidas concordaram em garantir água potável em todas as esferas da sociedade no âmbito da agenda dos Objectivos de Desenvolvimento Sustentável (ODS) até 2030. O ODS 6.1, o indicador de água potável, centra-se em três critérios: acessibilidade, disponibilidade e qualidade da água; enquanto um indicador se centra no acesso fácil a fontes de água tecnologicamente melhoradas como um Objetivo de Desenvolvimento do Milénio (ODM). O fornecimento de água potável pode ter um impacto tremendo no nível de vida, porque a disponibilidade de água potável tem um impacto direto nas condições de trabalho e na saúde das pessoas e na sua capacidade produtiva (Billava 2018). Embora exista muita água doce no planeta, milhões de pessoas morrem todos os anos devido à falta de estrutura, investimento e planeamento adequado no abastecimento de água, saneamento e higiene (Ritchie et al. 2018). Embora o acesso à água potável seja um direito humano de acordo com a Carta das Nações Unidas (Scanlon et al., 2004), a Constituição de Bangladesh não incluiu a água como um direito particular, como a maioria dos outros países em desenvolvimento. Todos os países da Assembleia Geral das Nações Unidas assinaram a Agenda Universal 2030 com o objetivo de não deixar ninguém para trás. O principal objetivo dos objectivos de desenvolvimento sustentável é o planeamento participativo que aumenta a compreensão dos problemas de desenvolvimento internacional. Esta agenda inclui os objectivos e códigos das Nações Unidas. Baseia-se na Declaração Universal dos Direitos Humanos e na Declaração do Milénio (Banco Mundial, 2018a). Os objetivos de desenvolvimento do milénio não tinham uma abordagem participativa que não abordasse eficazmente a melhoria das bases para garantir um desenvolvimento equitativo e sustentável, careciam de um esquema de planeamento abrangente e integrado, mas os ODS reconhecem as comunidades socialmente excluídas, as mais marginalizadas e vulneráveis. O ODS 2030 aborda diferentes aspectos da vulnerabilidade social. Também é visado como outras declarações da ONU sobre a mitigação das alterações climáticas, a sustentabilidade ambiental, a conservação da água, a igualdade de género e o comércio justo. Os ODS reivindicam universalmente que a agenda inclua todas as pessoas em todos os lugares e em todas as idades. O Banco Mundial (2018) mostrou a contaminação da água com micróbios perigosos, metais pesados ou sais em muitas partes do Bangladeche e locais, especialmente nas zonas costeiras, com desafios substanciais no fornecimento de água potável fresca às comunidades costeiras. Além disso, 97% dos habitantes do Bangladeche utilizam fontes de água potável tecnologicamente melhoradas e os restantes (quase 4 milhões de pessoas) dependem de fontes de água poluídas. Estas pessoas vulneráveis recolhem geralmente água potável de lagoas, rios ou poços e nascentes desprotegidos sem qualquer tratamento adequado. O Banco Mundial (2018) mostrou que o Bangladeche é um país ribeirinho de baixa altitude, com abundância de águas superficiais e subterrâneas, mas a qualidade dos seus recursos hídricos é má em algumas áreas devido aos efeitos das alterações climáticas, à urbanização e ao crescimento populacional. Além disso, a contaminação da água com micróbios perigosos, metais pesados ou sais em muitos locais do Bangladesh constitui um desafio significativo para o abastecimento de água potável em todo o país. A maior parte das fontes de água de superfície estão excessivamente poluídas, o que as torna não só impróprias para consumo, mas também vulneráveis às actividades agrícolas e industriais. A população indefesa recolhe habitualmente água potável de lagoas, rios, ribeiros ou poços e nascentes desprotegidos, sem que sejam tomadas medidas adequadas. A maioria das pessoas depende principalmente das fontes de água subterrânea, que são comparativamente mais seguras do que as águas superficiais. O Bangladesh alcançou progressos notáveis na obtenção de resultados em matéria de desenvolvimento e de redução da pobreza, tendo atingido muitos dos objectivos dos ODM, juntamente com um aumento de 20% no acesso à água, o que garante 98% de fontes de água potável de melhor qualidade técnica. Além disso, estes progressos no sector do abastecimento de água colocam o país na posição de 2nd no sector da água potável entre os países do Sul da Ásia. Em contraste, um estudo recente mostrou que, apesar de ter um elevado acesso a infra-estruturas de água melhoradas, o estado da água potável do país com base no indicador SDG 6.1 foi de 39% (Banco Mundial, 2018). Estes dados mostram que 61% da população não tem acesso a água potável gerida de forma segura com base na meta e nos indicadores do ODS. Os aquíferos costeiros do Bangladesh são vulneráveis devido às alterações climáticas, que fazem com que a maré alta suba gradualmente para o interior e afecte sobretudo as zonas baixas. A população das zonas costeiras, uma das regiões problemáticas para a água potável no Bangladesh, enfrenta uma grave crise devido à intrusão da salinidade e à falta de aquíferos de água doce. Além disso, o abastecimento de água subterrânea nas zonas costeiras do Bangladesh sofre de uma série de problemas importantes: contaminação por arsénico, descida do nível do lençol freático, intrusão de salinidade e indisponibilidade de aquíferos adequados (Shamsuzzoha et al., 2018).

1.2   Problema Declaração

Patharghata Upazila, no distrito de Barguna, está situada na região sul e na zona costeira do Bangladesh. Entre as 07 (sete) uniões da upazila, as águas subterrâneas superficiais e profundas são fortemente afectadas pela salinidade nas uniões de Charduani e Patharghata. O acesso à água potável é o grande desafio desta zona. No entanto, a manutenção do padrão de qualidade da água potável é essencial para a saúde pública, o que pode aumentar o bem-estar humano. A qualidade da água subterrânea da zona é muito má e salgada devido à intrusão de água salgada no aquífero de água subterrânea potável. A água potável inofensiva tornou-se uma das principais preocupações na área onde as pessoas dependem principalmente de lagos para satisfazer as suas diferentes necessidades, tais como beber, cozinhar, tomar banho e lavar-se. Além disso, só bebem água da chuva na estação chuvosa, utilizando um sistema de recolha de água da chuva. As populações costeiras também bebem água dos lagos, que está contaminada devido à presença de bactérias. A água da chuva também não está disponível durante a época de verão. Algumas pessoas recolhem a água dos filtros de areia dos lagos (PSF), mas esta tecnologia tem várias dificuldades. É por esta razão que os sistemas PSF não podem funcionar durante vários anos. Os problemas ocorrem principalmente porque as pessoas da comunidade não assumiram a propriedade e a responsabilidade. Além disso, não sabem como fazer a operação e a manutenção correctas. Além disso, as agências governamentais e as ONG que constroem as opções PSF não efectuam qualquer trabalho de reparação a longo prazo. No caso do sistema de recolha de água da chuva (RWH), é muito dispendioso para as agências doadoras cobrir todos os agregados familiares da área e não fornecem um grande tanque para armazenar a água da chuva. Por esta razão, o sistema não pode fornecer água potável durante todo o ano para essas famílias. Assim, o nível de segurança da água nesta área deve ser melhorado através de uma nova tecnologia alternativa. Embora o governo tenha construído algumas instalações de osmose inversa (RO) na área de estudo, estas não funcionaram corretamente devido à falta de gestão e à ausência de directrizes para uma operação e manutenção adequadas.

1.3 Fundamentação do estudo

As principais causas do acesso inadequado ao abastecimento de água são os desafios institucionais que impedem a qualidade normal dos serviços em todo o país. As pourashavas (municípios) são responsáveis pelo abastecimento de água nos seus territórios onde as WASA não estão a funcionar. Ou não dispõem de mão de obra qualificada ou de capacidade para uma operação e manutenção adequadas. Muitas instituições da administração local, como as union parishads, não têm capacidade para fornecer e manter serviços de água de alta qualidade para os residentes devido à falta de orçamento e de mão de obra. As ONG que trabalham no sector do abastecimento de água constroem e implementam alguns pontos de água nas diferentes áreas do país. Fazem o seu trabalho à sua maneira e não se apropriam dele. Devido à falta de operação e manutenção, os projectos implementados nunca se sustentam a longo prazo. A insegurança hídrica nas zonas costeiras tornou-se um dos problemas crescentes no sul e sudeste da Ásia e as suas causas e impacto não foram discutidos em grande parte da literatura (Hoque et al., 2019; Islam et al., 2013). Algumas investigações académicas mostraram o impacto da intrusão da salinidade na fonte de água e nas doenças transmitidas pela água. No entanto, muitos investigadores analisaram a qualidade da água afetada pela salinidade costeira, que é um dos indicadores de água potável dos ODS. Os restantes indicadores, como a acessibilidade e a disponibilidade, não foram considerados prioritários na literatura académica (Thomson e Koehler, 2016). No entanto, diferentes organizações das Nações Unidas, nomeadamente (Fundo das Nações Unidas para a Infância (UNICEF), Organização Mundial da Saúde (OMS) e agências multilaterais, provavelmente o Banco Mundial (BM), o Banco Asiático de Desenvolvimento (BAD), publicaram artigos que mostram a cobertura de água potável à luz dos indicadores dos ODS com base em fontes de dados próprias (Steele et al., 2018). Os desafios, as acções prioritárias e as implicações políticas também foram ignorados nesta investigação. Este estudo pretende identificar o estado da água potável com base nos indicadores dos ODS na área de estudo para revelar os desafios correspondentes para alcançar a meta dos ODS relacionada com a água potável segura até 2030. O sector privado pode desempenhar um papel fundamental através de incentivos adequados para manter a sua participação contínua através do abastecimento de água liderado pela comunidade. O governo do Bangladesh adoptou o quadro dos ODS na sequência do Planeamento Nacional para o Abastecimento de Água, que dá instruções à atividade das diferentes partes interessadas para atingir as metas. No entanto, as lacunas institucionais na prestação de serviços não foram identificadas de acordo com a estratégia nacional.

1.4   Objetivo do estudo

O estudo visa os seguintes objectivos:

- Identificar as opções existentes de abastecimento de água que a população da zona de estudo utiliza para beber

- Descobrir os obstáculos e os constrangimentos para garantir a segurança da água potável na zona de estudo.

- Conhecer os problemas de qualidade da água para garantir o abastecimento seguro de água potável na zona de Patharghata

- Identificar os riscos para a saúde decorrentes do consumo de água não segura

Este estudo identifica a atual cobertura de água potável de acordo com o indicador SDG na área de estudo. O resultado foi preparado com base nas informações do inquérito por questionário. Verificou-se também que a maioria dos agregados familiares depende da água potável proveniente de fontes de águas superficiais e pluviais. Quase 80 por cento da população do Bangladesh depende de fontes de água subterrânea. Este estudo identificou que 61% das pessoas nas áreas de estudo gerem a sua água potável a partir de uma única fonte, e as restantes recolhem-na de fontes de água mistas durante o ano. Para além disso, 90% das pessoas que utilizam uma única fonte dependem da água de lagos e as outras famílias recolhem água de poços tubulares pouco profundos (VSST), filtros de areia de lagos (PSF) e sistemas de recolha de água da chuva (RWHS). Em comparação com o indicador SDG 6.1, 74% das pessoas têm a garantia de disponibilidade de água potável durante todo o ano; 21% dos agregados familiares têm acesso a fontes de água situadas nas suas instalações; e 77% dos participantes estão satisfeitos com a qualidade da água. Esta investigação explora o estado e a situação do abastecimento de água nas zonas costeiras do país com base no objetivo e nos indicadores de desenvolvimento sustentável da água potável. Além disso, examina o impacto da intrusão da salinidade nas águas subterrâneas nas zonas costeiras do Bangladesh. Este estudo também investiga as opções alternativas de tecnologia para fornecer água potável na área de investigação. Este capítulo introdutório apresenta os antecedentes e a justificação do tema, a importância do problema, a análise da literatura, os objectivos da tese e o resumo dos resultados. O segundo capítulo apresenta uma análise aprofundada da literatura relevante. Analisa os factores que afectam a insegurança da água potável e os desafios existentes na região costeira. Além disso, analisa também a dependência da água salgada e os prós e contras da recolha de água da chuva na zona costeira. Este capítulo também inclui um quadro concetual para atingir as metas dos ODS para a água potável. O capítulo três inclui a metodologia que orienta a localização da investigação e o inquérito por questionário, incluindo a conceção e os métodos, as fontes de dados, o método de amostragem e a dimensão. Também descreve o sistema e as ferramentas de análise de dados. O capítulo descreve a situação do abastecimento de água, incluindo o papel do governo central, do governo local e da comunidade para garantir a disponibilidade de água potável.

Mostra também a cobertura de água potável na região costeira do Bangladesh. Explica ainda as condições dos respectivos objectivos e indicadores dos ODS para alcançar a segurança universal da água no país. O quarto capítulo explora o estado e a provisão do abastecimento de água no local da investigação e, especificamente, analisa o padrão socioeconómico e de subsistência na área de estudo. Também explora as fontes de água que têm sido utilizadas como fontes de água potável. Compara principalmente o estado da água potável na área de estudo com a meta de abastecimento de água do Objetivo de Desenvolvimento Sustentável e o indicador 6.1. Este capítulo ilustra ainda o impacto na saúde devido à água potável nas zonas costeiras. Mostra também a sustentabilidade dos sistemas de Osmose Inversa (OR) para garantir a gestão segura da água potável na Patharghata Upazila em estudo. O capítulo cinco inclui uma discussão pormenorizada das conclusões. Também ilustra as razões e o impacto da insegurança hídrica. O capítulo seis apresenta a conclusão e sintetiza os resultados de todos os capítulos empíricos em relação à questão de investigação. Além disso, inclui alguns contributos para os conhecimentos e práticas existentes no domínio do abastecimento de água às zonas costeiras. Além disso, o capítulo apresenta as limitações do estudo e várias direcções para a investigação futura.

1.5   Limitações do estudo

Uma das principais limitações deste estudo é o facto de ter abrangido apenas dois bairros dos 18 bairros das uniões de Patharghata e Charduani. Além disso, o estudo foi concebido com base na perceção da população local, evitando uma experiência científica. Verificou-se que as famílias estavam um pouco relutantes em dar tempo suficiente para responder a todas as perguntas. Para além disso, foram recolhidas apenas 95 amostras, o que é um número muito pequeno para comparar o abastecimento de água numa grande área. Devido à escassez de tempo e de recursos, também foi difícil cobrir toda a área. Além disso, devido à situação de pandemia, o trabalho de inquérito foi dificultado e demorou mais tempo. As pessoas estavam relutantes em encontrar-se connosco e responder às perguntas. Relativamente às questões da qualidade da água, este estudo recolheu e testou apenas 40 amostras. Além disso, as amostras de água tinham de ser recolhidas e enviadas para o laboratório no prazo de 6 horas, como é obrigatório para o teste de E. coli, o que era problemático nesta situação de pandemia. A distância entre o local do estudo e o laboratório zonal de Barisal era superior a 120 quilómetros.

2. Revisão da literatura

Foram efectuados poucos estudos sobre o abastecimento de água costeira no Bangladesh. Em especial, a investigação académica não tem dado prioridade ao aumento da salinidade nas zonas costeiras do país. Além disso, os desafios para garantir o abastecimento seguro de água potável na região costeira afetada pela salinidade também têm merecido prioridade na investigação, não só no Bangladesh mas também em todo o mundo. Até à data, a maior parte da investigação tem sido conduzida principalmente sobre irrigação, drenagem, controlo de cheias, ciclones e obras de formação fluvial. Na verdade, a salinidade das águas subterrâneas é um fenómeno normal na costa sul do Bangladesh. Este capítulo da tese analisa a literatura existente para explicar os diferentes factores correlacionados.

2.0   Revisão da literatura

O objetivo da revisão da literatura é analisar os desafios existentes em matéria de abastecimento de água na região costeira, especialmente em Patharghata Upazila, no Bangladesh. Os estudos existentes mostram que a segurança da água é influenciada por uma série de variáveis independentes, como os aspectos ambientais, institucionais, das partes interessadas, tecnológicos e sociais. No entanto, poucos trabalhos mostraram por que razão as populações das zonas costeiras dependem de fontes não protegidas. Além disso, está provado que beber água não segura afecta a saúde humana de diferentes formas. Além disso, devido à indisponibilidade de água potável, várias pessoas consomem água afetada por salinidade, que apresenta taxas muito superiores ao limite tolerável. Hoque et al. (2019) mostraram que a segurança da água é classificada por quatro factores interligados: ambiental, institucional, financeiro e social. O risco ambiental pode ocorrer de forma antropogénica ou natural. Em particular, o acesso a água potável à beira-mar no Bangladesh é insuficiente devido à escassez de estratos de água doce à profundidade habitual e à presença de salinidade excessiva nas águas subterrâneas (Hoque et al., 2016). Toda a região costeira do Bangladesh é vulnerável a riscos climáticos como ciclones, marés vivas, inundações de maré, riscos naturais como a intrusão de salinidade, a contaminação por oligoelementos (por exemplo, arsénio, ferro) e também riscos provocados pelo homem, como o alagamento causado pela construção e manutenção inadequadas de estruturas de retenção de água (Abedin et al., 2012). Os factores naturais e antropogénicos afectam a intrusão da salinidade nas águas subterrâneas. Nos meses de inverno, a água salgada começa a penetrar no interior e as regiões influenciadas aumentam fortemente de 10 por cento na monção para mais de 40 por cento na estação seca.   A importância dos factores institucionais e políticos e a ênfase conjunta na diferença de disponibilidade e acesso à água para os utilizadores explícitos são úteis para compreender o contexto da deficiência de água doce na zona costeira e, por conseguinte, a contestação da água salgada e da água doce (Alamgir, 2010). Uma situação natural terrível causada pela salinização da água é uma questão digna de nota e que torna as águas subterrâneas impróprias para consumo na região costeira do sudoeste do Bangladesh (Ahmed, 2006). A água é o ingrediente mais importante para a sobrevivência humana, razão pela qual o abastecimento de água doce teve um enorme impacto na qualidade de vida dos seres humanos. A água desempenha um papel crucial para melhorar o bem-estar humano (Crow e Sultana, 2002). É considerada "segura" quando está isenta de agentes patogénicos e de substâncias químicas nocivas, e satisfaz o paladar, ou seja, idealmente isenta de cor e odor, e utilizável para fins domésticos (Park, 2005). Neste contexto, o abastecimento de água potável em Patharghata precisa de garantir a qualidade da água.   Billava (2018) argumenta que a disponibilidade de instalações de água potável segura tem um impacto direto nas condições de trabalho e saúde das pessoas e na sua capacidade produtiva, o artigo deste autor teria sido mais forte se tivesse incluído informações adicionais sobre as doenças na água contaminada. Mais de 70 por cento dos residentes do sudoeste do país dependem de fontes de água de superfície inseguras (Islam et al. 2013), 56 por cento das lagoas na área estão cobertas por margens e 65 por cento são submersas pela água do mar durante os ciclones (Shamsuzzoha et al., 2018). Muitas lagoas que são utilizadas como fontes de água potável são inundadas por águas pluviais. Consequentemente, o número de pessoas afectadas por doenças transmitidas pela água é significativo. A população das zonas costeiras depende da água potável afetada pelo sal devido à indisponibilidade de água potável segura. Um estudo refere os efeitos do excesso de água salgada no corpo humano e observa que muitas pessoas sofrem de várias doenças se beberem continuamente deste tipo de água (Hoque e Butler 2015). Metade da população da área do delta na estação seca no sudoeste do Bangladesh depende de lagos e consome um quarto do seu sódio total através da água: até 50 por cento é consumido em algumas áreas (Hoque et al. 2016). Todos devem manter um limite tolerável quando utilizam água potável. Devido ao consumo de água salgada, as populações costeiras são afectadas regularmente por doenças como a diarreia, a disenteria e a febre. As mulheres são afectadas por perturbações ginecológicas (afundamento do útero) devido à recolha de água de zonas distantes. As mulheres grávidas e as crianças são as mais afectadas (Shamsuzzoha et al., 2018). Verifica-se que as desigualdades de género e de riqueza estão a aumentar na zona (Hoque et al., 2019). Isto mostra que os problemas de insegurança hídrica podem estar principalmente ligados à pobreza e à desigualdade. Algumas pessoas utilizam a água da chuva colhida para beber porque as águas superficiais e subterrâneas são demasiado salinas, mas os tanques de água da chuva foram frequentemente encontrados com constituintes nocivos (Tran et al., 2010), resultando em doenças diarreicas e dengue (Hoque et al. 2016). Na estação seca, algumas pessoas bebem diretamente a água do tanque, o que provoca doenças transmitidas pela água ou agentes patogénicos (Hoque et al. 2016).

De acordo com Abedin (2014), a escassez de água agrava-se no verão devido ao menor fluxo de água nos charcos. Os micróbios nocivos podem desenvolver-se facilmente na água contaminada. Além disso, as temperaturas no verão são também favoráveis à reprodução de microrganismos. Embora a literatura forneça informações importantes sobre a razão pela qual a água é contaminada na estação seca, os autores poderiam ter examinado a escassez de água que tem prejudicado os meios de subsistência e o ambiente. Embora um certo número de famílias utilize a tecnologia de filtração em areia de lago (PSF) para recolher água potável, um estudo mostra que a PSF não consegue controlar totalmente os micróbios quando é afetada excessivamente na água de origem (Harun e Kabir, 2013). A tecnologia PSF carece de eficácia e sustentabilidade. A água da lagoa é prejudicial na estação seca por causa das bactérias. De acordo com um inquérito realizado em 2009, cerca de 0,0354 milhões de hectares de novas terras foram afectados por vários graus de salinidade durante os últimos 9 anos, entre 2000 e 2009 (SRDI, 2010). A salinidade é a medida da concentração de sais dissolvidos na água, como os aniões cloreto. Existem dois métodos amplamente utilizados para medir a salinidade, nomeadamente a condutividade eléctrica (mmhos/cm) e a concentração de cloreto (mg/l ou partes por milhão, ou seja, ppm). O governo do Bangladesh recomendou um valor mais elevado, até 1000 ppm, para as zonas problemáticas, especialmente para as faixas costeiras. O estudo revelou que o nível das águas subterrâneas varia entre

0.0   a 2,0 m acima do nível médio do mar na região de estudo. Em geral, o nível de salinidade existe entre 1.000 e 8.000 ppm na União Charduani. Foi encontrado um tipo semelhante de variação temporal do nível das águas subterrâneas e da salinidade do solo, mas sem variações espaciais significativas. A intrusão de água salgada é o movimento de água salgada para os aquíferos de água doce, o que pode levar à contaminação das fontes de água potável e a outras consequências. A intrusão de água salgada ocorre naturalmente, até certo ponto, na maioria dos aquíferos costeiros, devido à ligação hidráulica entre a água subterrânea e a água do mar. Uma vez que a água salgada tem um teor mineral mais elevado do que a água doce, é mais densa e tem uma pressão de água mais elevada. Como resultado, a água salgada pode ser empurrada para o interior sob a água doce. Certas actividades humanas, especialmente a bombagem de água subterrânea de poços costeiros de água doce, aumentaram a intrusão de água salgada em muitas zonas costeiras. A extração de água faz descer o nível da água doce subterrânea, reduzindo a sua pressão hídrica e permitindo que a água salgada flua mais para o interior. Outros factores que contribuem para a intrusão de água salgada são os canais de navegação ou os canais agrícolas e de drenagem, que fornecem condutas para a água salgada se deslocar para o interior, e a subida do nível do mar. A intrusão de água salgada pode também ser agravada por fenómenos extremos, como as tempestades de furacões.

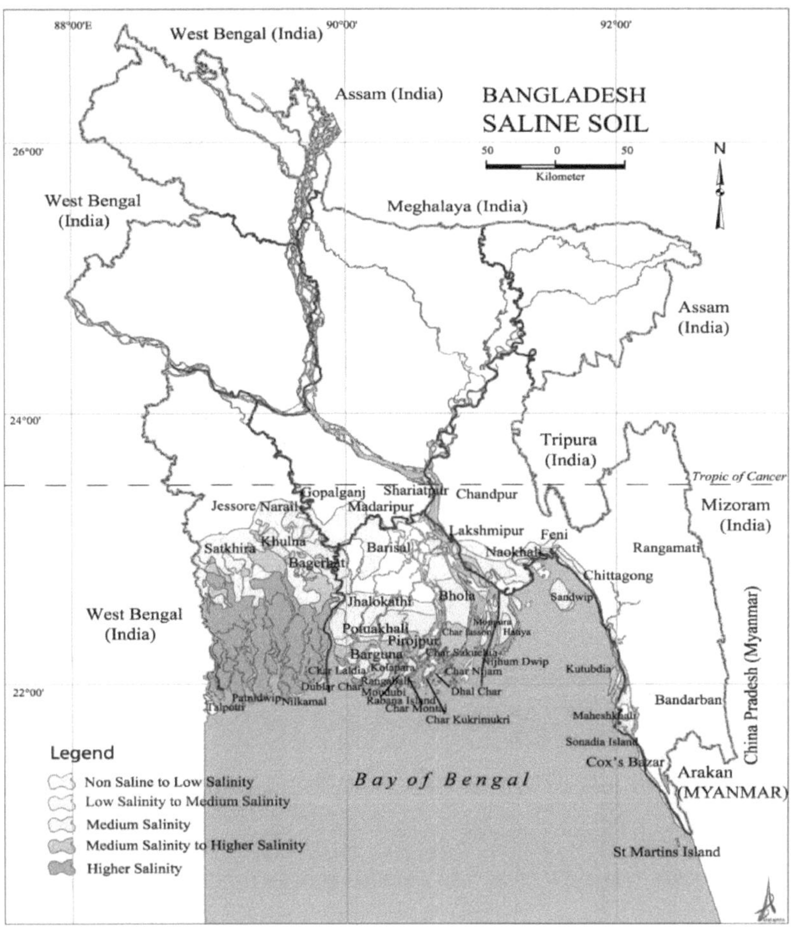

Figura 2.1: Zona de Intrusão de Salinidade do Bangladesh (Fonte: Banglapedia, 2012)

Uma vez que o Bangladesh pertence a um dos países costeiros, o impacto negativo da intrusão de água salgada é significativo neste país. A salinidade afecta principalmente a terra e a água nas zonas costeiras. Com as consequências das alterações climáticas, estende-se gradualmente às águas e solos interiores. Este cenário de intrusão gradual da salinidade na zona costeira do Bangladesh é muito ameaçador para o sistema de produção primária, a biodiversidade costeira e a saúde humana. A quantidade total de terras afectadas pela

19

salinidade no Bangladesh era de 83,3 milhões de hectares em 1973, tendo aumentado para 102 milhões de hectares em 2000 e para 105,6 milhões de hectares em 2009, continuando a aumentar (SRDI, 2010). Nos últimos 35 anos, a salinidade aumentou cerca de 26% neste país. A intrusão da salinidade está a alastrar-se também para as zonas não costeiras. Recentemente, o Estudo de Sementes do Instituto Internacional de Investigação do Arroz (IRRI), financiado pela USAID, identificou 12 distritos do Bangladesh como áreas afectadas pela salinidade através de cartografia SIG (Mahmuduzzaman et al., 2014). Este documento analisa as causas da intrusão de salinidade na faixa costeira do Bangladesh, tais como: localização geográfica crítica do país, condição de baixo caudal do rio por uma barragem no país vizinho a montante, gestão deficiente dos pólderes costeiros, subida do nível do mar, ciclones e tempestades, efeito de água de retorno, precipitação e cultura de camarão. Este documento também ajuda os decisores e planeadores a elaborar um plano sustentável de gestão social, agrícola, ambiental e de outros recursos hídricos para a região costeira do Bangladesh.

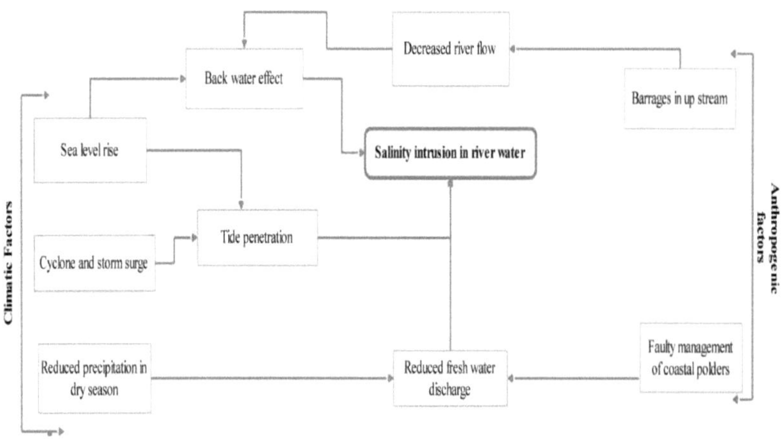

Figura 2.2: Representação esquemática das causas da intrusão de salinidade na água dos rios da parte sul do Bangladesh (Fonte: SRDI, 2010)

A intrusão da salinidade na zona costeira do Bangladesh tem várias causas. Estas incluem sistemas naturais, socioeconómicos e políticos. Todos estes sistemas estão interligados entre si. Esta secção descreve a forma como estes sistemas desempenham um papel no aumento da intrusão de salinidade na parte interior do país. Os sedimentos aluviais e deltaicos dos rios Ganges, Brahmaputra e Meghna formam a Bacia de Bengala, a parte oriental, conhecida como Planície de Inundação de Bengala, no território do Bangladesh (Morgan e McINTIRE, 1959). O país situa-se entre os Himalaias, a norte, e a Baía de Bengala, a sul. A bacia de três sistemas fluviais, com uma área de 1,6 milhões de quilómetros quadrados, que atravessa a Índia, a China, o Nepal, o Butão e o Bangladesh, drena para a Baía de Bengala através do estuário do Meghna. A salinidade da água na zona costeira depende em grande medida da fusão do gelo dos Himalaias e da descarga destes poderosos rios. A descarga média anual destes três rios é de 1,5 milhões de casos, sendo geralmente caracterizada por uma variação sazonal. O caudal máximo ocorre na monção, que é de 80%, e o caudal mínimo ocorre no inverno/estação seca, que é de 20% (Coleman, 1969). Por conseguinte, a salinidade também varia com o início e a recessão da monção. A diminuição da fusão do gelo reduz a descarga de água dos rios e, consequentemente, aumenta a salinidade na zona costeira do país. As variáveis climáticas, como a precipitação, o escoamento superficial e a temperatura, podem desempenhar um papel importante na influência da intrusão de água salgada. Com uma menor quantidade de precipitação e uma temperatura mais quente, a taxa de recarga será muito menor devido à falta de água subterrânea presente e ao aumento da evaporação (Ranjan, 2007).

2.2 Investigação Questões

As questões de base cuja resposta deve ser identificada através da investigação são as seguintes

- Qual é o estado atual da água potável na zona?

- Como é que os factores ambientais afectam o abastecimento de água potável?
- Qual é a viabilidade dos sistemas de Osmose Inversa (OR) para garantir água potável

em toda a zona costeira afetada pela salinidade?

- Porque é que opções alternativas de abastecimento de água, como VSST, RWHS e

PSF, em vez de DTW, não são sustentáveis?

- Quais são os impactos na saúde decorrentes do consumo de água não segura?

3. Estudo Metodologia

3.1 Estudo Área

A Upazila (sub-distrito) de Patharghata está situada na zona sul do Bangladesh e a área abrange a margem da Baía de Bengala. Dois grandes rios nacionais, como o Baleshwar e o Bishkhali, desaguam no mar nesta região. Esta Upazila (subdistrito) abrange 387,36 km^2 e está situada a 22°14' e 22°58' de latitude norte e a 89°53' e 90°05' de longitude leste. Esta Upazila está também dividida em sete uniões, que são as unidades administrativas mais baixas do sistema de governo local do Bangladesh. A população total da Upazila de Patharghata é de

162,02 mil, dos quais 82,69 mil homens e 79,33 mil mulheres; 143,47 mil muçulmanos, 18,46 mil hindus, 0,018 mil budistas, 0,021 mil cristãos e

0,056 mil outros. Está rodeada por Bamna e Mathbaria Upazila a norte, a Baía de Bengala a sul, Sadar Upazila a leste e Sarankhola Upazila a oeste (Khan, 2016). Entre os sete sindicatos da Upazila, as fontes de água subterrânea dos sindicatos de Patharghata e Chardoani são principalmente afectadas pela salinidade, as águas subterrâneas de Kathaltali e Nachnapara são parcialmente afectadas e as restantes Raihanpur e Kakchira estão a salvo da salinidade. Cada união está dividida em nove circunscrições (wards), que são as unidades administrativas mais baixas do país. Algumas alas das uniões de Patharghata e Charduani são escolhidas de forma aleatória. A população das uniões de Patharghata e Charduani depende maioritariamente da água dos lagos e da água da chuva para beber e para uso doméstico.

Fig 3.1: Diferentes imagens da área de estudo mostrando o ambiente e a biodiversidade

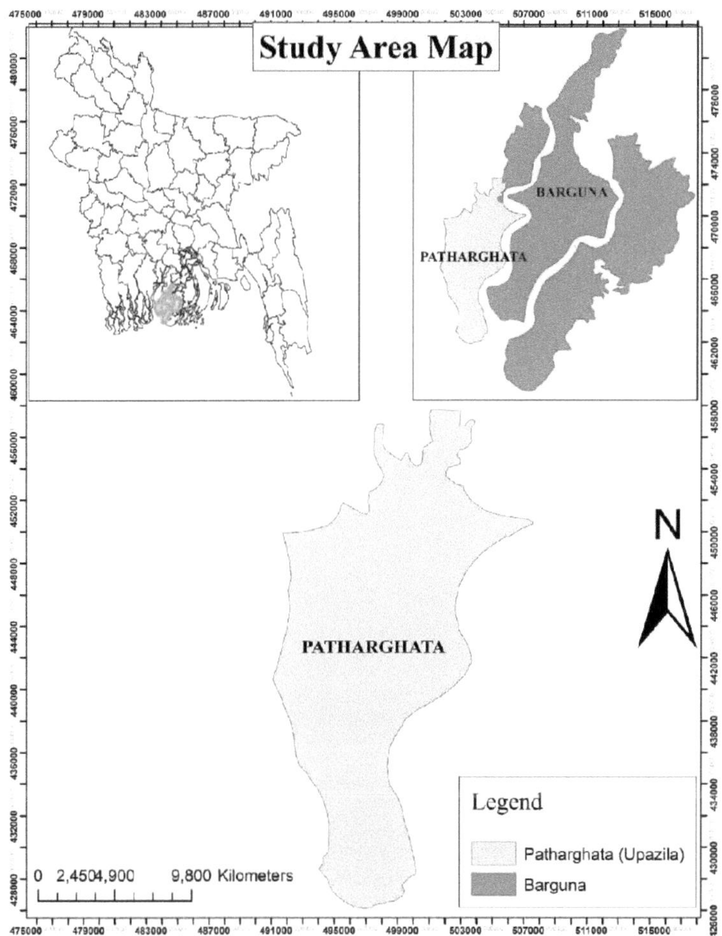

Fig 3.2 Detalhes do mapa da área de estudo Fonte: banglapedia (2012)

Fig. 3.3: Mapa que mostra a Upazila de Patharghata

3.2   Métodos do estudo

O estudo seguiu uma tentativa de método misto para obter a resposta adequada às questões de investigação. A abordagem consistiu em recolher as experiências reais dos agregados familiares com os efeitos adversos da intrusão de salinidade na área de estudo. Para atingir este objetivo, procurou-se uma combinação de métodos qualitativos (discussão com os peritos no domínio em causa) e métodos quantitativos (inquérito por questionário). A literatura relacionada com os efeitos das catástrofes naturais da intrusão de salinidade e o seu impacto na saúde também foi recolhida de fontes locais e nacionais para a revisão da metodologia do estudo. Foram seguidas diferentes formas de rever a literatura existente e tentar desenvolver os instrumentos de recolha de dados para o estudo. O inquérito por questionário foi efectuado em algumas aldeias de Patharghata e da união de Charduani, na Upazila de Patharghata.

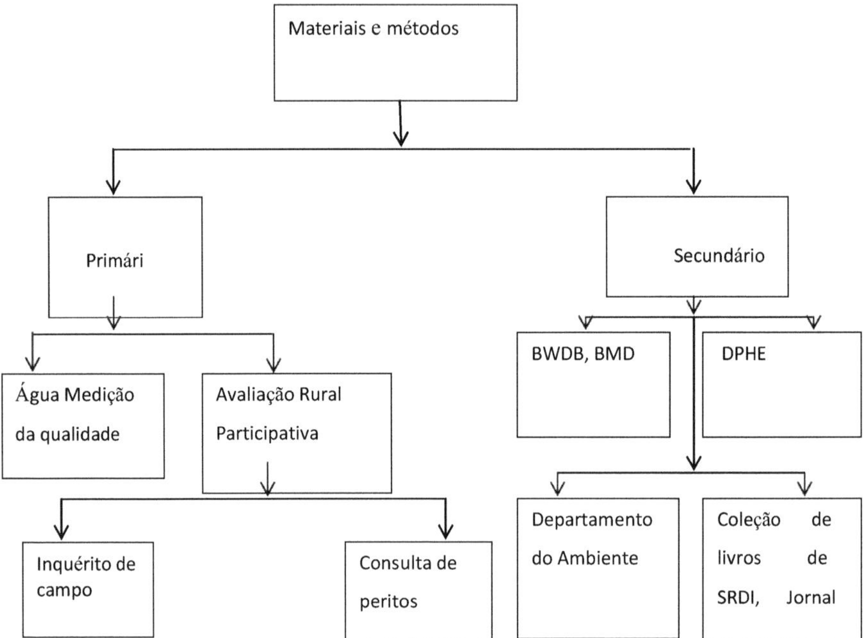

3.3   : Representação esquemática dos materiais e métodos utilizados neste estudo

Foi mantido um procedimento de investigação sistemático para evitar possíveis enviesamentos. As aldeias em estudo foram seleccionadas com base numa discussão com os peritos locais e em consulta com os institutos governamentais locais e as comunidades vulneráveis. As aldeias seleccionadas eram as mais afectadas na Upazila em estudo. O questionário do inquérito foi preparado através de um processo de revisão pelos pares, de modo a ser coerente com o tema e as questões locais. Os debates dos grupos de reflexão e as consultas à comunidade ajudaram a recolher informações e a comparar com o inquérito. Os participantes adequados para as discussões dos grupos de discussão foram seleccionados a partir do inquérito por questionário. Os dados e informações fornecidos pelos inquiridos foram recolhidos cuidadosamente durante o período do inquérito. Desta forma, a qualidade dos dados foi confirmada em todas as fases do inquérito.

3.3   Questionário Inquérito

O inquérito por questionário foi efectuado junto dos agregados familiares de quatro aldeias da União de Charduani em Patharghata Upazila, no distrito de Barguna. O número de inquiridos para o inquérito por amostragem em Modho Charduani e South Charduani era de cada aldeia e em Ekerbunia e Gabbaria era de 15 cada. Assim, foram inquiridos um total de 100 inquiridos em quatro aldeias da área de estudo. Foi dada prioridade ao chefe do agregado/família para responder às perguntas. Na ausência do chefe, outra pessoa sénior da família foi considerada para responder. Por vezes, os inquiridos mais velhos respondiam à pergunta na presença de todos os membros da família. Em muitos casos, todos discutiram antes de responderem a algumas perguntas.   O questionário foi preparado para recolher as informações e os dados relevantes dos locais de estudo. **A secção A** do questionário incidia sobre os dados demográficos, socioeconómicos e os meios de subsistência dos aldeões em estudo. **A secção B** centrava-se nas percepções e informações sobre as alterações climáticas e os problemas de salinidade. **A Secção-C** considerou a salinidade e o abastecimento de água (tendência do estado e perda) devido à fonte de água em diferentes períodos, eventos extremos como o ciclone SIDR e o AILA afectaram as fontes de água potável, enquanto se utilizava a lagoa ou o PSF, a água desta fonte é salgada.

A secção D abordou o impacto da salinidade nos seres vivos, com especial referência à alteração do padrão dos recursos hídricos e do solo associada aos seres humanos em relação à intrusão da salinidade nos últimos vinte anos causada por fenómenos extremos.

3.4 Estudo Conceção

Para cumprir os objectivos da investigação, foram aplicados métodos quantitativos e qualitativos na realização do estudo. Foi realizado um inquérito por questionário para conhecer o estado atual do abastecimento de água e os riscos decorrentes do consumo de água não segura, a falta de opções de água potável existentes, o impacto das alterações climáticas na água potável e os riscos para a saúde associados à água potável. Foi utilizado um questionário estruturado para recolher os dados primários. Os dados secundários foram recolhidos a partir de artigos de jornais publicados, diferentes documentos governamentais não publicados, relatórios de organizações internacionais. O fluxograma do estudo é apresentado em anexo:

Fase inicial

* Seleção do título
*   Identificação dos objectivos e investigação perguntas
* Fixação da metodologia
* Revisão da literatura

Recolha e análise de dados

* Recolha de dados (dados primários e secundários)
* Dados primários: Inquérito por questionário, entrevista com informadores-chave (KII)
* Dados secundários: de organizações nacionais e internacionais
* Introdução de dados no MS Excel
* Análise de dados (formato tabular e gráficos)

Resultados, conclusões e recomendações

* Resultados da análise
* Recomendações
* Conclusão
* Recomendação

3.5 Tipo de estudo e amostragem procedure

Esta investigação foi efectuada através do método de análise descritiva. Seguiu-se um inquérito por questionário para realizar um estudo empírico utilizando dados qualitativos e quantitativos. Foram nomeados dois assistentes de investigação que realizaram o inquérito por questionário. O inquérito centrou-se principalmente nos diferentes grupos-alvo de utilizadores de água potável na área de estudo. Foram utilizadas técnicas de amostragem aleatória para determinar o número de inquiridos dos diferentes tipos de pessoas em causa.

Determinação do tamanho da amostra:

População: Dois bairros de dois sindicatos são considerados como área de estudo para este estudo. A população dos dois bairros seleccionados é a seguinte

Upazila	Nome da União	N.º do bairro		Agregado familiar	Percentagem
Patharghata	Patharghata	Bairro n.º 02		670	52.67
Patharghata	Charduani	Bairro nº 06		602	47.33
Total				1272	100.00

Fonte: BBS, 2011

A equação estatística para definir a dimensão da amostra:

$$SS = \frac{z^2 pq}{d^2}$$

Onde, SS=a dimensão da amostra pretendida z = o desvio normal padrão fixado em 1,96, que corresponde ao nível de confiança de 95 por cento (a P < 0,05)

=A proporção do agregado familiar visado estimada em relação à taxa de prevalência da violência e da discriminação (fixada em 50%)

= 1.0 - 0.5 = 0.5

d = grau de exatidão pretendido, erro padrão fixado em 0,10

$$SS = \frac{[(1.96)^2 \times (.50) \times (.5)]}{(0.10)^2} = 96,04$$

Para o ajustamento do agregado familiar da amostra para as duas alas, podemos aplicar:

$$=\text{Assim } \frac{n}{1+\frac{n}{N}}$$, dimensão da amostra = 90 Em que, número de agregados

familiares=1272 Pressupõe-se 5% de não respostas = 90 × 5% = 4,50

Dimensão total da amostra= 90 + 4,50 = 95.

Tamanho total da amostra do estudo: 95 nos.

(50 n.ºs. na união de Patharghata e 45 n.ºs. na união de Charduani.) Entrevista de

informação-chave:

As quatro pessoas entrevistadas no âmbito da entrevista de informação-chave são as seguintes

-        O engenheiro superintendente, DPHE, Barisal

-        O Ex-engenheiro executivo, DPHE, Barguna

-        O Engenheiro Executivo, DPHE, Barguna

-O Engenheiro Sub-Assistente, DPHE, Patharghata

Variáveis

As principais variáveis do estudo são discutidas a seguir:

1.   Questões ambientais

-        Alterações climáticas

-        Intrusão de salinidade

-        Variação de temperatura

-        Ciclone

2.   Opções de abastecimento de água

-        TW/VSST

-        RWHS

-        PSF

-	Instalação RO

3.	Garantir os ODS
-	Disponibilidade de água

-	Acessibilidade da água

-	Qualidade da água

3.6   Dados Gestão

Dados primários: Os dados primários foram recolhidos através de um inquérito por questionário baseado nos objectivos específicos. Ao mesmo tempo, a pessoa em causa efectuou entrevistas a pessoas-chave. Dados secundários: Os relatórios do governo e de organizações internacionais, diferentes livros, revistas, artigos, relatórios de publicações e sítios Web são utilizados principalmente para recolher informações secundárias relevantes para este estudo específico. Diferentes artigos de muitos académicos de renome são também utilizados como fonte de dados secundários. Existem várias formas de avaliar o impacto do abastecimento seguro de água potável na zona costeira. A análise de dados é um processo de inspeção, limpeza, transformação e modelação de dados com o objetivo de descobrir informações úteis, sugerir conclusões e apoiar a tomada de decisões. Os factores que afectam o abastecimento seguro de água potável serão contados de várias formas. A análise descritiva com tabela e gráfico de Pi e a análise de base temporal serão utilizadas para analisar os dados.

4. Resultados

Foi selecionado um total de 95 agregados familiares de duas alas escolhidas aleatoriamente entre as duas uniões em estudo, e todas as pessoas responderam na devida altura. A frequência dos dados recolhidos foi contabilizada através do questionário. As perguntas de cada uma das respostas individuais foram adicionadas a tempo de obter a maior frequência de ocorrência, e estas respostas quantificadas foram depois calculadas em percentagem e em forma de tabela.

4.1. Inquérito Respostas

O questionário do inquérito abrange quatro secções específicas, incluindo informações demográficas, socioeconómicas e sobre os meios de subsistência do inquirido, percepções e informações sobre a fonte de água potável, questões de saúde da comunidade relativamente à água potável e impacto das alterações climáticas no abastecimento de água potável. As secções relativas ao abastecimento de água potável centram-se nos ODS

6.1 que reflecte a disponibilidade, a acessibilidade e a qualidade da água potável. Este estudo escolhe sobretudo uma zona vulnerável na upazila de Patharghata, considerada uma das piores zonas de abastecimento de água do Bangladesh, e selecciona aleatoriamente duas alas entre as dezoito alas das uniões de Patharghata e Charduani na upazila de Patharghata.

4.2   Água potável Fontes

A Tabela 4.1 mostra que 48 dos 96 agregados familiares obtêm a água potável de uma única fonte, e os restantes inquiridos dependem de fontes mistas para as necessidades de água potável. Na verdade, eles dependem das fontes mistas devido às variações sazonais, da mesma forma que podem recolher a água da chuva da estação chuvosa e do filtro de areia do tanque (PSF) ou diretamente da água do tanque ou do poço tubular raso, dependendo da disponibilidade de água doce. Entre os utilizadores que utilizam as fontes únicas, 19 de 96 (20%) dos agregados familiares dependem de poços tubulares pouco profundos, 20% das pessoas gerem a água do filtro de areia do tanque e 10% recolhem água do sistema de recolha de água da chuva. Dentro dos dois grupos de estudo, todos os (47) 100 por cento dos participantes de Charduani Ward no. 6 têm de depender de fontes mistas, e os inquiridos de Patharghata Ward no. 9 recolhem água através de diferentes sistemas, provavelmente poço de tubo raso, filtro de areia de lago e sistema de recolha de água da chuva. A Tabela 4.1 também mostra que o sistema de recolha de água potável é diferente nos dois sindicatos adjacentes.

Tabela 4.1 Utilizações das fontes de água potável

fontes de água	Patharghata ala 9		Charduani ala 6		Total	
	Não	% Dentro de	Não	% Dentro de	Não	Percentage m
STW	19	38	0	0	19	20
PSF	19	38	0	0	19	20
RWHS	10	20	0	0	10	10
Misto	1	2	47	100	48	50

Nota: a. STW- Shallow Tube Well b. PSF- Pond Sand Filter c. RWHS- Rain Water Harvesting System g. Misto- algumas pessoas dependem de múltiplas fontes durante o ano.

O resultado mostra que 50% dos agregados familiares recolhem água de diferentes fontes durante o ano e 50% dependem de fontes mistas para beber água. Khan (2016) mostra que a água da lagoa ficou contaminada principalmente por e coli no verão devido à escassez de água, e muitas pessoas sofreram doenças transmitidas pela água devido ao consumo de água poluída. A mistura de alúmen com água proporciona uma melhor solução para remover a turvação e outras propriedades físicas da água. Além disso, a adição de poder branqueador na água da lagoa pode remover os microorganismos e purificar a água para uma qualidade padrão. Muitas pessoas têm de depender de fontes mistas durante o ano. Isto significa que elas recolhem água de duas ou três fontes diferentes. Isto prova que perderam muitas horas de trabalho a gerir a sua água potável. A sustentabilidade não pode ser alcançada através da dependência de fontes de água mistas. Esta dependência acontece devido à escassez de aquíferos de água doce e, além disso, a água subterrânea tem sido afetada por uma gama mais elevada de salinidade (Shamsuzzoha et al., 2018). É por isso que as pessoas têm de depender da água de superfície e da água da chuva para beber. Os rios e os canais são as principais fontes de água de superfície que são afectadas pela salinidade durante a maré baixa, e o grau de salinidade varia de tempos a tempos durante o ano (Khan, 2016). Além disso, as águas de superfície, como os lagos, podem satisfazer a procura de água doce, mas são afectadas por E. coli na estação seca.

Figura 4.1: Pessoas recolhem água do filtro de areia da lagoa (PSF) na área de estudo

Dois terços do corpo humano são compostos por água e, sem água, morreríamos em poucos dias. Além disso, o cérebro humano também é composto por 95% de água (Kanwisher, 2010). Para manter o crescimento natural, cada pessoa precisa de beber uma quantidade mínima de água por dia. Nas zonas costeiras, as pessoas precisam de beber 2,5 litros de água por dia e por pessoa, consoante a sua saúde e localização geográfica (Ahmed et al., 2000). As mulheres estão maioritariamente envolvidas na recolha da água potável. Ocasionalmente, as raparigas são contratadas para gerir a água, embora esta se encontre muito longe da sua casa. Como resultado, as raparigas perdem horas de trabalho para estudar.

Fig 4.2: pessoas recolhem água do PSF

No entanto, verificou-se que o PSF não pode ser utilizado devido à ausência de operação e manutenção adequadas. A água da chuva, uma das fontes de água doce, só pode fornecer água na estação das chuvas. Ocasionalmente, as pessoas recolhem a chuva num grande tanque para a estação seca. Contudo, a água da chuva nos tanques está frequentemente contaminada por microrganismos devido à falta de desinfeção. Nalgumas zonas, a água da chuva forma estratos muito superficiais a menos de 20 metros do nível do solo. As pessoas recolhem esta água através de sistemas de bombagem manual muito escondidos. O sistema continua a ser útil durante alguns anos, mas este tipo de camada só se encontra em zonas muito específicas.

Figura 4.3: Um sistema de recolha de água da chuva (RWHS) na área de estudo

Este estudo procurou ainda identificar a categoria de fontes de água mistas. Verificou-se que os inquiridos da área dependem de duas e três fontes para gerir as suas necessidades anuais de água potável. A Figura 4.1 descreve as diferentes categorias de água mista que foram identificadas através do questionário. O gráfico também mostra a categoria de fontes de água potável das quais as pessoas dependem para obter água potável segura. Mostra ainda que a maioria das pessoas recolhe água potável do filtro de areia do tanque, do sistema de recolha de água da chuva e de fontes de água potável pouco profundas. Algumas pessoas recolhem a água diretamente do tanque e bebem-na sem qualquer purificação. Consequentemente, muitas pessoas são afectadas por doenças transmitidas pela água nas zonas costeiras do Bangladesh, onde as fontes profundas e pouco profundas estão contaminadas pela salinidade. Por outro lado, os inquiridos são questionados sobre o estado da fonte de água potável através de cinco perguntas padrão. 90 por cento das pessoas responderam de forma moderada sobre œstado da fonte de água potável. Entre o resto da população do estudo, 7%, 2% e 1% responderam bom, muito mau e muito bom, respetivamente.

4.3 Opinião da população sobre a gestão segura da água potável

A água potável gerida de forma segura foi categorizada pelas Nações Unidas no âmbito dos ODS para determinar a qualidade da água potável. Para obter a cobertura da água potável gerida com segurança na área de estudo, este estudo fez as perguntas relacionadas com os três indicadores-chave do objetivo 6.1 dos ODS. A maioria das pessoas não faz ideia de que a água potável é gerida de forma segura, nem sequer conhece as características da água potável. Normalmente, classificam a água de acordo com a sua cor.

4.3.1 Posição da fonte de água

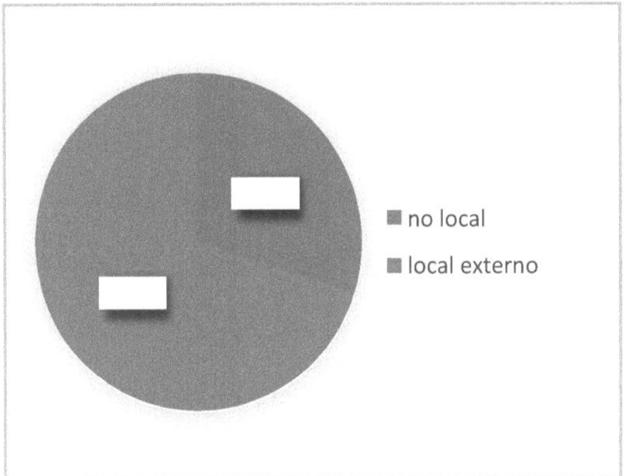

Fig. 4.4: Acessibilidade da fonte de água na área

Entre os três indicadores de água potável gerida com segurança, uma das questões-chave era se a fonte de água potável existe no local ou fora dele. 70 por cento dos inquiridos disseram que recolhiam a água potável fora da sua própria instalação, enquanto 30 por cento do total dos inquiridos recolhiam água no interior da instalação. Isto indica que a maioria das pessoas teve de gerir a água fora da sua própria instalação. O resultado mostra que 70% das pessoas da área de estudo não cumprem o indicador SDG, o que pode dificultar a realização do objetivo de água potável até 2030.

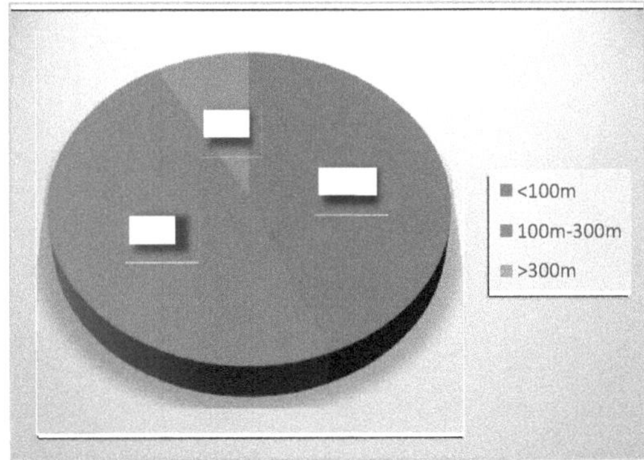

Fig 4.5: Distância da fonte de água à casa do inquirido

O estudo também perguntou sobre a distância da fonte de água potável para as pessoas que recolhem a água potável fora da sua própria casa. Figura 4. Mostra que a distância da fonte de água potável onde 43% disseram que conseguem água potável dentro do limite de 100 metros. 47% responderam que têm de recolher água potável entre 100 e 300 metros e os restantes 8% transportam a água a mais de 300 metros

4.3.2 A disponibilidade de água potável

O SDG 6.1 prescreve que a água potável deve estar disponível durante todo o ano, o que é considerado uma das medidas obrigatórias para obter a cobertura de água potável. Os dados do inquérito mostram que a maioria das pessoas recolhe a água potável que não estava disponível durante o ano. As pessoas da área de estudo dependem de diferentes fontes de água potável. De entre os três critérios dos ODS relativos à água potável, a disponibilidade foi reduzida em algumas zonas costeiras. Um certo número de pessoas recolhia água potável de diferentes fontes, algumas das quais não estavam disponíveis durante todo o ano.

Fig 4.6: As pessoas estão a recolher água potável da estação móvel de tratamento de água fornecida pela DPHE na estação seca

A Fig. 5.3 mostra que 92% das pessoas que recolheram água potável não estavam disponíveis durante todo o ano e apenas 8% dos inquiridos obtiveram água potável que estava disponível durante todo o ano na união de Patharghata. Por outro lado, todos os utilizadores conseguiram água potável que estava parcialmente disponível durante o ano no sindicato de Charduani. Finalmente, 95 por cento das fontes de água potável não estavam disponíveis durante todo o ano na região. Isto indica que a maioria dos residentes recolhe a água potável de diferentes fontes, das quais uma ou mais não estavam activas em alguns meses específicos. Por exemplo, havia escassez de água na estação seca na lagoa, enquanto a água da chuva estava ausente.

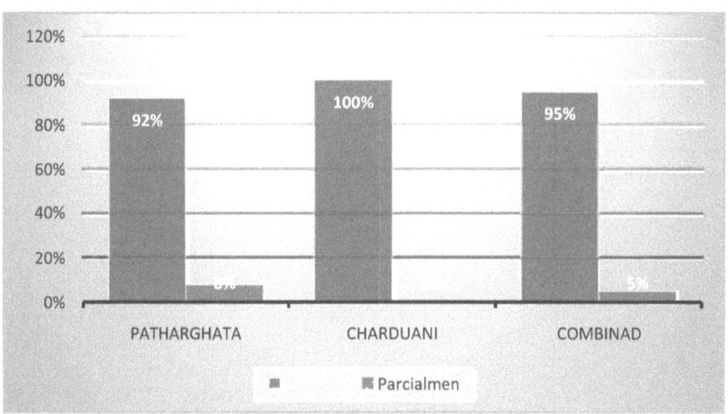

Fig 4.7: Disponibilidade de água potável segura durante o ano

4.3.3 A qualidade da água potável

A qualidade da água é considerada um instrumento importante para justificar a segurança da água potável e é medida através de diferentes parâmetros que variam consoante a região. Na zona costeira do Bangladesh, o TDS, os coliformes fecais e o cloreto são considerados excessivos em relação ao valor normal. O teste da bactéria coli fecal é um indicador primário da adequação para consumo. Encontra-se tanto na fonte como ao nível do agregado familiar para obter a diferença entre a recolha e o nível do utilizador. A observação laboratorial das bactérias da forma coli mostra uma enorme variação entre 0 e incontável nas duas fontes diferentes. Duas fontes, provavelmente 20 de PSF (Pond Sand Filter) e 20 de STW (Shallow Tube Well), num total de 40 amostras, foram testadas para a forma fecal de coli. Entre as 20 amostras de fontes PSF, 5 (25%) estavam isentas de bactérias, enquanto 15 (75%) fontes se encontravam afectadas por coliformes fecais. Além disso, 7 das 15 fontes afectadas estavam fortemente contaminadas, o que é classificado como incontável na terminologia laboratorial, e as restantes 8 das 15 amostras variavam entre 12 e 70. As amostras foram recolhidas no mês de maio, que é considerado a estação seca no Bangladesh. Normalmente, a água da lagoa fica contaminada na estação seca, enquanto o resultado da qualidade da água mostra que 75% das amostras de PSF foram consideradas afectadas através do teste de qualidade da água. Por outro lado, 16 (80%) das amostras de águas residuais não continham bactérias fecais e 4 (20%) estavam afectadas por bactérias, cujo número variava entre 1 e 80. Isto indica que existem bactérias coliformes na água do poço tubular raso.

Tabela 4.2: Análise físico-química para diferentes fontes

Amostra	Tipo de fonte	Coliformes fecais	Ferro	Cloreto	Arsénio
1	PSF	0	<LOQ	20	0.00136
2	PSF	incontáveis	<LOQ	25	<LOQ
3	PSF	50	<LOQ	20	0.00332
4	PSF	32	0.931	180	0.00119
5	PSF	0	<LOQ	20	0.00350
6	PSF	incontáveis	<LOQ	25	0.00158
7	PSF	0	<LOQ	25	0.00345
8	PSF	42	<LOQ	15	<LOQ
9	PSF	48	0.355	25	0.00128
10	PSF	incontáveis	<LOQ	20	0.00142
11	PSF	44	0.163	20	0.00115
12	PSF	70	0.530	25	0.00122
13	PSF	28	<LOQ	20	0.00140
14	PSF	incontáveis	<LOQ	25	0.00143
15	PSF	12	<LOQ	20	0.00157
16	PSF	incontáveis	<LOQ	25	0.00170
17	PSF	0	<LOQ	15	<LOQ
18	PSF	incontáveis	<LOQ	25	<LOQ
19	PSF	0	<LOQ	25	<LOQ
20	PSF	incontáveis	<LOQ	25	0.00116
21	STW	20	0.597	1288	<LOQ
22	STW	0	0.110	1263	<LOQ
23	STW	0	0.456	1539	<LOQ
24	STW	1	0.200	2090	<LOQ
25	STW	0	0.200	1589	<LOQ
26	STW	0	<LOQ	1639	<LOQ
27	STW	0	0.238	389	<LOQ
28	STW	0	<LOQ	1489	<LOQ
29	STW	5	0.384	1689	<LOQ

30	STW	0	0.134	1689	<LOQ
31	STW	82	<LOQ	1664	<LOQ
32	STW	0	0.102	1639	<LOQ
33	STW	0	0.293	1714	<LOQ
34	STW	0	0.370	1489	<LOQ
35	STW	0	0,307	1288	<LOQ
36	STW	0	<LOQ	1263	<LOQ
37	STW	0	0.447	1539	<LOQ
38	STW	0	0.203	2090	<LOQ
39	STW	0	0.160	1589	<LOQ
40	STW	0	0.281	1639	<LOQ
Mínimo		0	<LOQ	15	<LOQ
Máximo		incontáveis	0.931	2090	0.00350
Média				774.45	0
Desv. Dev.				790.92	0
Unidade			mg/l	mg/l	mg/l
BD Padrão		Não/100 ml	0.3-1	150-600	0.05

Nota: PSF-Filtro de areia de lago, STW- Poço tubular raso, Fonte: Teste laboratorial efectuado pelo autor, detalhes no Apêndice B

Considerando o tamanho total da amostra, os valores mínimo e máximo de ferro foram <LOQ (nível de quantificação que é considerado 0,1 mg/l) e 0,931mg/l, respetivamente. 20 (50%) das 40 amostras foram encontradas <LOQ e as restantes 20 (50%) mantiveram a concentração mínima de ferro que foi medida dentro do limite aceitável. Normalmente, o ferro varia de 0,3 a 1 no padrão de qualidade da água de Bangladesh. Considerando a água do PSF, <LOQ encontrado em 16 (80%) das amostras e os outros 4 (20%) estavam dentro do limite tolerável variando de 0,163 a 0,931. Isso indica que o ferro existe dentro da faixa aceitável na água da lagoa. Para além disso, 4 (20%) das amostras estavam <LOQ e 16 (80%) apresentavam um nível mínimo de ferro que variava entre 0,102 e

0,597 na água do poço tubular raso. O resultado mostra que nos poços tubulares rasos existe uma concentração de ferro que se encontra dentro do intervalo aceitável em comparação com a norma BD. O cloreto é considerado um dos parâmetros importantes no abastecimento de água costeira, uma vez que se obtém excessivamente em aquíferos rasos e profundos ao longo da maior parte da costa. O valor padrão do cloreto no Bangladesh varia entre 150 e 600 mg por litro de água. Entre todas as amostras de qualidade da água, os valores mínimo, máximo e médio de cloreto foram 15, 2090 e 774,45, respetivamente. Curiosamente, o intervalo de cloreto em todas as 20 amostras PSF foi de 15 mg/l a 180mg/l, que são muito baixos considerando o limite tolerável. Isto indica que os cloretos são aceitáveis e permitidos dentro do valor padrão. Pelo contrário, o nível de cloreto medido no teste laboratorial foi de 1263 mg/l a 2090 mg/l na água de poços tubulares pouco profundos. Isto indica que todas as 20 fontes de águas residuais estavam contaminadas por um excesso de cloreto em relação ao intervalo especificado pela norma BD. Os resultados também revelaram que o aquífero superficial na zona costeira é afetado pela salinidade e a sua água pode ser classificada como água não segura. O arsénio é classificado como um dos parâmetros importantes da qualidade da água e é encontrado em excesso em algumas regiões específicas. O arsénio também é raramente identificado na zona costeira e afecta sobretudo as águas subterrâneas. Este estudo considerou o parâmetro arsénico que foi testado, entre os quais o outro parâmetro. Entre as 40 amostras, o arsénico foi muito pouco provável <LOQ em 25(62%) amostras, enquanto que 15(37%) das amostras foram ligeiramente afectadas pelo arsénico, cuja concentração variou entre 0,00119 mg/l e 0,0035 mg/l. Curiosamente, a concentração foi<LOQ em todas as 20 amostras de poços tubulares pouco profundos. Além disso, era<LOQ em 5(25%) das amostras e encontrou um nível mínimo em 15(75%) das amostras que foram identificadas dentro do limite padrão do Bangladesh.

4.4   A necessidade do sistema de Osmose Inversa (OR)

Como a água subterrânea foi fortemente afetada pela salinidade na área de estudo, o estudo procurou conhecer a perceção da comunidade sobre as suas expectativas em relação à unidade de osmose inversa. Por isso, os inquiridos foram questionados sobre se a osmose inversa é a única solução para obter água potável na área. A Fig. 4.6 mostra que cerca de 80 por cento das pessoas pensam que a unidade de osmose inversa pode ser a melhor solução para obter água potável na referida localidade. Além disso, 20 por cento dos inquiridos discordaram do sistema de osmose inversa. Pensam que outra opção pode ser melhor para obter água potável fresca. Entre este grupo de pessoas, 70 por cento sugeriram o sistema de recolha de água da chuva (RWHS) e 30 por cento aconselharam o poço de tubo raso encoberto (SST). O estudo também perguntou aos inquiridos, através de um inquérito por questionário, quanto dinheiro estariam dispostos a pagar pelo sistema RO. A resposta foi mista. 25% das pessoas disseram que pagariam 10 taka por cada 10 litros de água, enquanto 65% queriam dar 5 taka por 10 litros de água. As restantes pessoas responderam de forma diferente para ganhar 10 litros de água.

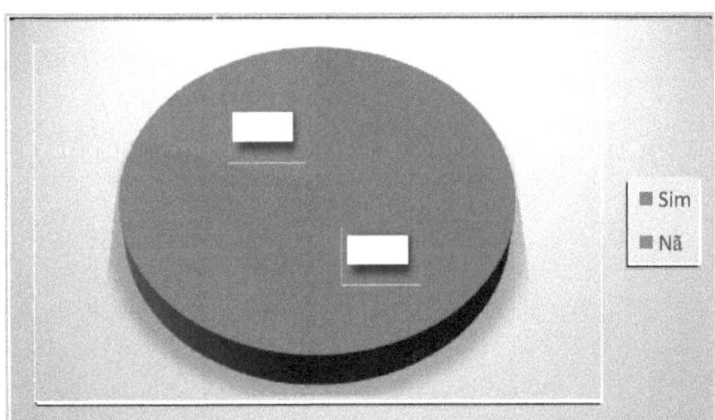

Fig 4.8: Perceção sobre as expectativas em relação à unidade de Osmose Inversa

4.5   Problemas de saúde da comunidade devido à água potável

As populações das zonas costeiras sofrem geralmente de diferentes doenças transmitidas pela água devido ao consumo de água contaminada. Khan (2016) mostra que as pessoas da zona são sobretudo afectadas por diarreia, disenteria, iterícia, infeção cutânea, infeção ocular, etc. Com base nos dados, o estudo preparou o questionário sobre a questão da saúde. Nesse sentido, os inquiridos foram questionados sobre as doenças transmitidas pela água que normalmente afectam devido ao consumo de água contaminada ou salgada. 41% das pessoas disseram que sofrem de diarreia devido à água potável, enquanto 52% dos inquiridos responderam sobre a disenteria que os afecta durante o ano. Além disso, apenas 7% responderam que foram afectados por infecções cutâneas devido ao consumo de água potável. Ninguém sofreu de iterícia e infeção ocular devido à água potável. O resultado do inquérito também mostra que a maioria dos inquiridos do sindicato de Patharghata respondeu sobre a infeção por disenteria devido à água potável, enquanto a maioria dos participantes do sindicato de Charduani disse que sofria de diarreia devido à água potável.

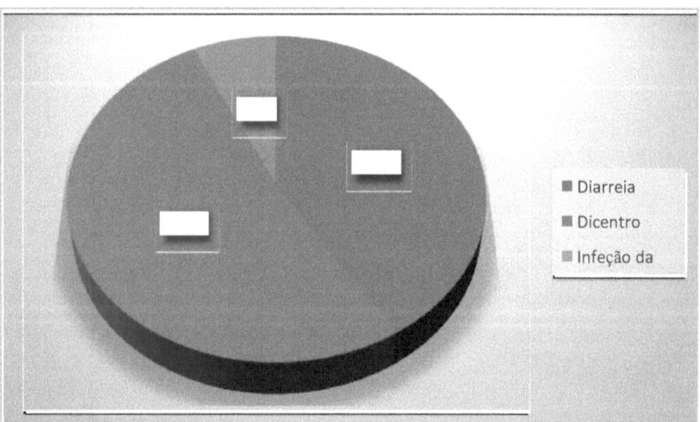

Fig. 4.9: Doenças afectadas devido à água potável

4.6   Impacto das alterações climáticas no abastecimento de água potável

As alterações climáticas ocorrem rapidamente nalgumas regiões específicas do globo. É considerada uma das principais questões que põem em risco o ambiente, a biodiversidade e a ecologia. As alterações climáticas também afectam o abastecimento seguro de água potável na maior parte das zonas costeiras do Bangladesh. Afectam as fontes de água potável de diferentes formas; do mesmo modo, a água salgada entra em vários lagos em consequência do ciclone AILA em 2009, o que impede a disponibilidade de água potável durante muito tempo. As pessoas da área de estudo sofrem muito para obter água fresca durante esse período e são afectadas por doenças transmitidas pela água. Têm de passar muito tempo a recolher a água potável. Além disso, a subida do nível do mar também afecta a fonte de água potável na zona. A variação sazonal e a provável escassez de precipitação na estação seca fazem baixar o nível da água na lagoa, o que contamina a fonte de água, especialmente com bactérias coliformes. Como resultado, a população costeira é afetada por doenças contagiosas, como a diarreia, a disenteria, a iterícia, etc. Tendo em conta esta situação, o presente estudo procurou conhecer os problemas climáticos que ocorrem aleatoriamente e colocou aos residentes locais algumas questões relacionadas com as alterações climáticas. Foi-lhes perguntado quais os problemas relacionados com as alterações climáticas na sua zona, nomeadamente a variação sazonal, o aumento da temperatura, a precipitação erótica, a subida do nível do mar, os ciclones e as marés vivas, a intrusão de salinidade, o registo de água, etc. A Fig. 4.8 mostra a perceção dos inquiridos sobre os problemas das alterações climáticas que ocorrem na sua zona. De acordo com os resultados do inquérito, 73% do total dos inquiridos afirmaram que a subida do nível do mar ocorre nesta região, pelo que a comunidade local sofre com a disponibilidade da fonte de água potável. Como resultado da subida do nível do mar, as fontes de água potável de superfície são fortemente afectadas pela inundação causada pela maré. Alguns dos inquiridos também confundiram se a superfície da terra se degrada ou se o nível do mar sobe. Consideram que o nível da água está a observar o aterro do rio. Além disso, alguns dos residentes consideram que a variação sazonal e a intrusão de salinidade ocorrem em 5% e 3%, respetivamente. De acordo com o seu ponto de vista, a variação da temperatura ocorre em anos diferentes. Por exemplo, a precipitação, a temperatura, etc., são muito anormais em anos diferentes. Observou-se que, nalguns anos, ocorrem chuvas intensas e menos chuvas na estação seca.   Por outro lado, um certo número de pessoas pensa que o registo e o ciclo da água ocorrem de forma invulgar devido ao efeito das alterações climáticas, o que prejudica os seus meios de subsistência. 7% dos inquiridos afirmaram que o aluimento de água resulta da ação das alterações climáticas. Ponderam que a água do rio entra na terra principal devido à maré e não consegue ser totalmente removida, o que causa o alagamento. 10% dos inquiridos responderam que os ciclones e as marés vivas ocorrem aleatoriamente devido às alterações climáticas. De acordo com os inquiridos, ocorrem diferentes tipos de ciclones nas zonas de estudo.

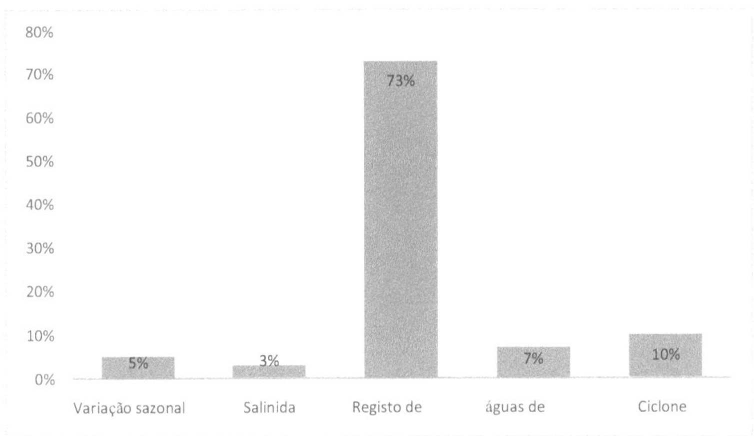

Fig 4.10: Principais problemas relacionados com as alterações climáticas na localidade

5.   Discussão

O estudo utilizou o método misto para mostrar os resultados que são apresentados no capítulo 4. Os resultados foram obtidos com base nos resultados do inquérito e nas análises laboratoriais dos diferentes parâmetros de qualidade da água. Este capítulo pretende discutir mais pormenorizadamente os resultados.

5.1   Estado da água potável no Bangladesh

A maioria da população do Bangladesh depende das águas subterrâneas devido à contaminação das águas de superfície no Bangladesh. Além disso, a água de superfície necessita de custos adicionais de purificação e tratamento que podem aumentar a taxa de serviço de abastecimento de água. Pelo contrário, a maior parte das fontes subterrâneas não necessita de custos de instalação e as pessoas podem recolhê-las sem qualquer custo de serviço. Sendo um país em vias de desenvolvimento, as pessoas não aceitam gastar dinheiro extra para obter água potável. A maioria da população urbana utiliza a água da torneira, que é perigosamente afetada pela E.coli devido a um processo de operação e manutenção inferior. A E. coli pode desenvolver-se na água de abastecimento devido à falta de cloração e à ausência de retrolavagem suficiente na rede de condutas. A maioria da população do Bangladesh utiliza fontes de água potável melhoradas. Apenas 3% ou 4 milhões de pessoas recolhem água de fontes não melhoradas. Este número de pessoas depende maioritariamente de lagoas, rios, nascentes e poços para obter água potável. Nessas áreas, a água subterrânea está contaminada por propriedades físicas ou químicas nocivas. Embora a maioria das pessoas utilize fontes de água avançadas, não asseguraram um plano de segurança da água, o que significa que a água deve ser segura na fonte - recolha - restauração - consumo em todas as fases. Como resultado, muitas pessoas consomem água poluída com micróbios, arsénico, sódio ou outros contaminantes. Quando ocorrem catástrofes naturais, que afectam muitas pessoas todos os anos, os poços tubulares tornam-se inacessíveis; as famílias dependem de fontes de água de superfície altamente poluídas. Na época do verão, as águas subterrâneas tornam-se assim demasiado exploradas. Em consequência, as bombas manuais não funcionam corretamente em algumas zonas. A má qualidade da água afecta tanto os ricos como os pobres e, tal como a água canalizada, é afetada por micróbios devido à falta de funcionamento e de monitorização. O Banco Mundial (2018a) mostrou que 80 por cento da água canalizada no país é afetada por E.coli. Além disso, a água dos lagos é contaminada por E.coli na estação seca. A existência súbita de arsénio reduziu a cobertura nacional do abastecimento de água de 97% para 74% em 1991 (Ahmed, 2002) e a calamidade do arsénio afectou cerca de 30 milhões de pessoas que tinham recolhido água que excedia a norma do Bangladeche de 50 ppb. Os dados do recenseamento do Bangladesh mostram que cerca de 89% da população recolhe água de poços tubulares e que a restante parte da população obtém a água de fontes alternativas. Isto indica que as pessoas dependem de fontes alternativas nas zonas onde os poços tubulares não são bem sucedidos. As pessoas gostam dos poços tubulares devido ao seu baixo custo, instalação e manutenção. As fontes alternativas não estão disponíveis durante todo o ano. Por exemplo, a água dos lagos é afetada pela E. coli na estação seca e a água da chuva não está disponível na estação seca. Para além disso, a cobertura é de 39,1 por cento quando se considera a norma da OMS para água potável gerida com segurança. Em contrapartida, o valor aumenta ligeiramente para 42,6 por cento na norma do Bangladesh. Estes dois pontos de dados variam devido à norma de qualidade da água. Por exemplo, a norma relativa ao arsénico no Bangladesh é de 50 ppb, enquanto a OMS a fixa em 5 ppb. Estes dados indicam que o Bangladeche está muito aquém do indicador de água potável dos ODS em termos de acessibilidade e qualidade da água. O governo tem de dar prioridade ao apoio à população para garantir a existência de uma fonte de água nas suas instalações. Por outro lado, uma gestão adequada pode reduzir a presença de E. coli na água da torneira.

5.2 Fontes de água potável em Patharghata upozila

Rasheduzzaman (2017) mostrou que a escassez de água potável se tornou muito grave na área de estudo devido à escassez de aquíferos de água doce. Além disso, as águas superficiais estão contaminadas com salinidade, bactérias do tipo E.coli, etc. Além disso, como os lagos se tornaram a principal fonte de água potável da área, a maioria dos lagos foi poluída por E.coli na estação seca devido à escassez de água. As pessoas nesta área dependem dos filtros de areia dos lagos (PSF), da recolha de água da chuva (RWH) e dos poços tubulares pouco profundos (VSST), e algumas pessoas utilizam a água dos lagos sem qualquer processo de tratamento. No entanto, em algumas zonas, todas as pessoas recolhem água potável no exterior das suas casas. No entanto, o governo do Bangladesh planeia cobrir pelo menos 50 pessoas com uma fonte de água doce[1] . A razão por detrás do problema é sobretudo financeira e tecnológica, pelo que o Governo tem de lhe dar mais atenção. Rasheduzzaman (2017) demonstrou que a tecnologia de baixo custo existente, tal como os sistemas de recolha de água da chuva (RWHS) e os poços tubulares pouco profundos (VSST), tem tido algumas dificuldades em fornecer água potável durante um período mais longo. Embora as pessoas recolham água potável de diferentes fontes, o que pode ser assegurado durante todo o ano como um indicador importante dos ODS, este estudo concluiu que 5% das pessoas têm acesso a fontes de água potável durante todo o ano. O resto, 95 por cento, recolhe a água potável de diferentes fontes que não estão disponíveis durante o ano porque a maioria das pessoas depende da água do tanque. O nível da água do tanque diminui gradualmente na época do verão e fica poluído principalmente por E.coli. Algumas pessoas gerem a água através de sistemas de recolha de água da chuva (RWHS) que só podem fornecer água na estação das chuvas. Os sistemas de osmose inversa (OR) fornecem água segura, mas as pessoas têm de pagar dinheiro para recolher a água das unidades de dessalinização. Como

---

[1] http://www.dphe.gov.bd/site/page/cdc28d76-63e6-4f12-89ac-e55774629303/-

resultado, as famílias pobres não podem pagar a água potável através do processo RO. Por outro lado, os filtros de areia de lagoa (PSF) são construídos na margem da lagoa com alguns meios de filtragem. A maioria deles torna-se ineficaz devido à falta de água no tanque ou à ausência de manutenção em alguns casos. A qualidade da água é um dos três indicadores dos ODS que devem garantir a norma da OMS ou a diretriz governamental do país. A União Charduani tem comparativamente uma água melhor porque utilizaram fontes mistas para recolher a água. Os residentes da União Patharghata, no entanto, têm água de menor qualidade devido à sua dependência da água do lago, que é afetada por micróbios na estação seca. Os micróbios podem aumentar rapidamente no verão devido a uma temperatura favorável. Apenas algumas pessoas obtêm água potável que passa o nível do indicador prescrito pelos ODS. Isto indica que a quase maioria das pessoas está para além da cobertura dos ODS. A crise é causada principalmente pela intrusão da salinidade nos aquíferos subterrâneos, que são considerados a fonte da maior parte da água potável. O governo do Bangladesh aprovou recentemente um grande projeto de água potável que abrange todo o país. O projeto tem como objetivo a existência de, pelo menos, uma fonte de água potável para 50 pessoas. Também planeia utilizar principalmente fontes de água subterrânea. Como as fontes de água subterrânea não foram bem sucedidas n a área de estudo, deve ser dada prioridade à dependência de tecnologias alternativas. As pessoas precisam de ser sensibilizadas para a utilização de águas superficiais ou pluviais. O estudo recolheu a opinião de peritos sobre a crise da água na região. O estudo interrogou várias pessoas sobre a crise da água potável e sobre a solução provável para a mesma, nomeadamente o engenheiro superintendente, o engenheiro executivo, o ex-engenheiro executivo e o engenheiro sub-assistente da DPHE. Em resposta às perguntas, o ex-engenheiro executivo, Mahmud Khan, disse que existem muitos factores para os problemas, tal como a falta de conhecimento das pessoas sobre a água potável. Em certa medida, bebem diretamente a água do lago sem qualquer purificação. Acrescentou que as pessoas podem utilizar água fervida ou filtrada com um trabalho de motivação adequado que as pode salvar de doenças transmitidas pela água. O engenheiro superintendente, Shahidul Islam, afirmou que o aumento da utilização da água da chuva pode resolver a crise. Por conseguinte, o Governo lançou alguns projectos de captação de águas pluviais. As uniões de Charduani e Patharghata são predominantemente ocupadas por território costeiro extremo. A dimensão dos agregados familiares pode variar em função da cultura e do desenvolvimento socioeconómico. A dimensão do agregado familiar varia entre 2 e 10 membros, sendo a dimensão média da família de 6,86 pessoas, comparativamente mais elevada do que a média nacional (4,4 pessoas) em cada família (Rasheduzzaman, 2017). A educação desempenha um papel importante na construção de uma nação desenvolvida e tem uma relação profunda com o aumento do Índice de Desenvolvimento Humano, cujo abastecimento de água pode ser assegurado através da aquisição de conhecimentos sobre a água em todas as etapas: fonte, recolha, transporte, armazenamento e consumo.

5.3   Qualidade da água na área de estudo

O valor excessivo do pH pode afetar a irritação dos olhos, das mucosas e da pele (OMS, 1996). O estudo também constatou que os poços de tubos rasos encobertos (SST) são principalmente afectados por um grau excessivo de cloreto, sendo que todas as amostras apresentaram valores excessivos em relação à norma BD. Podem ocorrer doenças cardíacas e renais devido ao consumo de água afetada por cloretos (OMS, 1997), e a insuficiência cardíaca congestiva ou a hipertensão podem também surgir devido à ingestão contínua de água com cloretos (Kormoker et al., 2021). A população da área de estudo pode aumentar a utilização da água da chuva em detrimento das águas subterrâneas. Khan et al., (2021) mostraram que a intrusão de salinidade ocorre na área devido ao aumento das alterações climáticas. Tanto os aquíferos superficiais como os profundos são fortemente afectados pela salinidade. Também mostra que mais de 10000mg/l de cloreto foram encontrados em alguns poços tubulares profundos, o que indica o nível de sal existente nas águas subterrâneas da região. É por isso que a maioria das pessoas recolhe a água das diferentes fontes de água de superfície. Entre as fontes, a maioria depende da água do tanque, que fica excessivamente contaminada na estação seca. As fontes provavelmente sistema de recolha de água da chuva que não está disponível na estação seca. Como resultado, as pessoas são obrigadas a depender da água do tanque na estação seca e são afectadas por doenças transmitidas pela água. Este estudo conclui que 21 amostras de 40 não tinham coli fecal, enquanto as restantes 19 estavam afectadas por micróbios. No entanto, os filtros de areia de lago (PSF) foram considerados a pior fonte afetada pela forma de coli fecal, enquanto as fontes SST estavam menos contaminadas. Verificou-se também que 5 das 20 estações não apresentavam coliformes fecais na água dos PSF, enquanto as restantes 15 amostras de água estavam contaminadas por coliformes fecais. Normalmente, as bactérias da forma coli formam-se nas diferentes fontes de água devido ao aumento da temperatura na estação seca. A maioria das fontes de água potável está afetada por micróbios, o que indica que os residentes da área estão a enfrentar um risco grave para a saúde, uma vez que pode aumentar as doenças transmitidas pela água nas pessoas e especialmente nas crianças com menos de cinco anos que são mais vulneráveis (Ahmed et.al 2013). Os meios filtrantes dos PSFs não têm funcionado corretamente e o sistema não tem sido monitorizado regularmente. A forma de coli fecal pode ser aumentada devido à falta de operação e manutenção suficientes do PSF (Hasan et.al 2013). A água do tanque também pode ser contaminada por micróbios devido às folhas das árvores e outros poluentes durante o verão.

5.4   Impacto da água não potável na saúde

Muitas pessoas podem perder a vida por causa de doenças transmitidas pela água devido ao consumo de água poluída. Este estudo revelou que 52% dos agregados familiares foram afectados por disenteria e 42% das pessoas sofreram de diarreia. Também mostra que algumas pessoas foram afectadas por infecções cutâneas. Além disso, o resultado do estudo mostra que algumas pessoas foram afectadas duas ou mais vezes por doenças transmitidas pela água durante o ano. Estes dados indicam que os casos afectados ocorreram devido ao consumo de água do tanque, que fica contaminada por micróbios na estação seca. A diarreia e a disenteria parecem ser mais perigosas do que as outras doenças nas zonas costeiras e a recuperação demora, em média, 6 a 9 dias (Billava 2018). A falta de WASH (abastecimento de água, saneamento e higiene) pode causar taxas mais elevadas de atraso de crescimento que afecta as crianças. Como resultado, muitas crianças podem ser privadas da escola. As doenças diarreicas perturbam a educação, mantendo as crianças em casa. Alguns alunos perdem o ensino devido a actividades de recolha de água. A situação ocorre na zona costeira onde não há água potável disponível (Banco Mundial 2018a). A consciencialização e a motivação da população rural costeira podem aumentar a utilização de água doce.

5.5   Como é que as alterações climáticas afectam a água potável

O inquérito aos agregados familiares mostra que os principais problemas relacionados com as alterações climáticas na área de estudo são a subida do nível do mar. Além disso, consideram que a alteração dos padrões sazonais, a intrusão de salinidade, a maré alta, o aluimento de água, os ciclones e as marés vivas, etc., ocorrem nesta zona. A maioria dos inquiridos afirmou que estes problemas aumentaram após o ciclone SIDR. A incidência de aumentos de temperatura e de precipitações irregulares parece ser maior nos últimos 3 anos e o aluimento de água ocorre após chuvas fortes. Cerca de 73% dos inquiridos afirmaram que a água do rio estava a subir (quase 2 pés). Cerca de 40% dos inquiridos afirmaram que todos os anos, pelo menos 3 ciclones (de média e pequena escala) atingiam esta zona entre março e junho e que, em consequência destes ciclones, alguns pescadores morriam todos os anos no mar. A maioria dos informadores respondeu que a tendência e a gravidade dos fenómenos extremos, como os ciclones e as marés vivas, eram um problema grave nesta localidade. De acordo com a BMD, o sistema climático de Barguna mostra variações na tendência de um período de 20 anos (1991-2010). A temperatura máxima média anual e a precipitação registam uma tendência ligeiramente crescente. Mas a tendência da precipitação das monções revela um padrão crescente, enquanto a precipitação de inverno está a diminuir ligeiramente durante o período de 1991-2010. Além disso, os dias sem precipitação aumentaram durante o período mencionado. Os eventos desastrosos, o ciclone SIDR e o ciclone AILA, afectaram de forma devastadora muitos dos distritos costeiros do país. O ciclone SIDR afectou 30 dos 64 distritos, enquanto o ciclone AILA atingiu 11 distritos. Ambos os eventos afectaram as culturas de arroz e as instalações de água potável nos distritos costeiros.

A maior parte das lagoas também ficou submersa devido ao forte efeito do ciclone AILA. Além disso, muitas das PSF foram também total ou parcialmente danificadas. Este estudo mostra que a salinidade aumenta nas águas de superfície da costa meridional, especialmente na via navegável de Bishkhali, o que afecta a Patharghata Upazila de diversas formas. Os aquíferos subterrâneos da zona de estudo eram muito salgados e a maior parte das zonas não dispõe de poços tubulares. O pessoal local da DPHE (a principal agência de abastecimento de água e saneamento do país) afirmou que os poços tubulares não estavam instalados há muito tempo nesta zona devido à percentagem de cloreto mais elevada do que o valor normalizado no Bangladesh e no mundo. Acrescentaram ainda que o nível de cloreto na zona variava entre 4000 ppm e 9000 ppm. O GoB e as ONG construíram muitos PSF para fornecer água potável segura, mas quase 100% estavam avariados devido a uma gestão adequada. O inquérito aos agregados familiares revelou que quase todas as pessoas da área de estudo tinham recolhido água potável diretamente do tanque, o que tende a afetar as doenças transmitidas pela água. O estudo constatou que a maioria das pessoas recolhe a água potável diretamente dos charcos, enquanto algumas bebem água do filtro de areia do charco (PSF) e do poço de tubo coberto. Normalmente, a chuva cai durante 6 meses no local do estudo e as famílias recolhem a água da chuva para o seu pote e bebem-na durante a estação das chuvas. Entre o total dos inquiridos, alguns disseram que, devido ao ciclone SIDR e ao ciclone AILA

as suas fontes de água potável foram afectadas.

6. Conclusão

Garantir a segurança da água potável torna-se um desafio devido a algumas áreas escassas onde a água da fonte se encontra afetada por constituintes físicos e/ou químicos nocivos. Por outro lado, o governo do Bangladesh comprometeu-se a garantir a gestão segura da água potável, que é um dos principais indicadores dos ODS, até 2030. Como sabemos, existe uma enorme quantidade de água no planeta, mas milhões de pessoas morrem, a maioria das quais crianças, de doenças transmitidas pela água devido à falta de água potável e de higiene. Estes cenários ocorrem maioritariamente nos países em desenvolvimento e prejudicam também a qualidade de vida básica. Consequentemente, afectou as pessoas com rendimentos médios e médios-baixos. A falta de água potável afecta sobretudo a saúde e a capacidade produtiva das pessoas. As Nações Unidas criaram uma abordagem de planeamento ascendente para alcançar os objectivos dos ODS, enquanto os ODM tinham uma abordagem descendente, reducionista e fragmentada. O ODS 6.1 tem como principal objetivo: "Assegurar a disponibilidade e a gestão sustentável da água potável para todos". As metas 6.1 geralmente fixam três critérios principais como indicadores de água potável que provavelmente serão garantidos nas instalações da família, disponíveis durante o ano e a qualidade da água deve ser alcançada dentro do padrão internacional. Kraay (2018) mostrou que os micróbios perigosos, os metais pesados ou os sais em muitas áreas criam um desafio substancial para garantir a segurança da água potável em todo o Bangladesh. O Bangladesh alcançou 98% da meta de água potável dos ODM e ganhou 20 pontos percentuais de progresso durante a era dos ODM, mas comparando os indicadores de água potável dos ODS, a cobertura passa a ser de 39% (Banco Mundial 2018a); 46% ou 55%. Isto indica que cerca de 50% da população não tem acesso a água potável gerida de forma segura em todo o país. A falta de uma gestão adequada dos recursos hídricos urbanos e a dependência de uma única fonte de água potável colocaram graves desafios. A maioria da população do Bangladesh depende de fontes de água subterrânea para beber. No entanto, a maioria dos aquíferos costeiros do Bangladesh está fortemente afetada pela salinidade. É por isso que as famílias costeiras recolhem a água principalmente da chuva e de fontes de águas superficiais como lagos e canais. Geralmente, a água dos lagos diminui gradualmente na estação seca e é afetada por micróbios. Como resultado do consumo de água contaminada, as pessoas sofrem de doenças transmitidas pela água. Além disso, a água da chuva pode ser útil na estação das chuvas, mas não é satisfatória para o indicador de disponibilidade dos ODS. O Governo do Bangladesh aprovou o quadro dos ODS na sequência da Estratégia Nacional de Abastecimento de Água e Saneamento, que descreve claramente a atividade das diferentes partes interessadas para atingir os objectivos. As lacunas institucionais na prestação de serviços não foram identificadas de acordo com a estratégia nacional. Além disso, a água da chuva não está disponível durante o ano. Os desafios institucionais impedem a qualidade padrão dos serviços em todo o país. As instituições da administração local, como as union parishad (Ups), as pourashavas e as corporações municipais, não têm capacidade técnica e financeira para fornecer e manter serviços de água de alta qualidade para os residentes. A salinidade existe em grande escala nas águas subterrâneas e cria um sério obstáculo ao abastecimento de água costeira. Azam (2019) mostrou que 74% das populações das zonas costeiras do Bangladesh têm pouco ou nenhum acesso a água potável. Este estudo concluiu que quase 50% das pessoas dependem de uma única fonte de água. Os restantes 50 por cento recolhem a água potável de fontes mistas durante o ano. Entre os utilizadores de uma única fonte, 20% dependem diretamente da água do tanque durante todo o ano e a maioria das pessoas entre os utilizadores de água mista também recolhem a água potável do tanque. Além disso, 20% das pessoas gerem a água de poços tubulares pouco profundos (VSST) e 10% recolhem água de sistemas de recolha de água da chuva (RWHS). Entre os indicadores dos ODS, 70 por cento das pessoas não têm fontes de água nas suas instalações e 92 por cento das pessoas não têm fontes de água potável disponíveis durante todo o ano. No contexto da qualidade da água, todas as amostras de poços tubulares rasos foram consideradas excessivamente afectadas por cloreto e as bactérias foram medidas principalmente nas unidades de filtro de areia do lago. Tendo em conta os indicadores de acessibilidade, disponibilidade e qualidade, apenas algumas pessoas têm água que foi considerada segura. Uma das limitações do estudo foi o facto de ter escolhido aleatoriamente 2 bairros entre os 18 bairros das duas uniões. Além disso, foram seleccionados 2 sindicatos entre os 7 sindicatos da área de estudo. Os questionários do inquérito foram preparados de forma muito sucinta, visando sobretudo as metas e os indicadores dos ODS respectivos. Por vezes, os agregados familiares estavam um pouco relutantes em dar tempo suficiente para responder a todas as perguntas. Além disso, o estudo tencionava testar em laboratório 60 amostras de água recolhidas nos agregados familiares para identificar alguns parâmetros específicos, mas isso foi problemático devido à situação de confinamento durante a COVID 19. Do trabalho realizado neste estudo surgiram várias áreas de estudo possíveis. Em primeiro lugar, ao examinar a fonte de água, identifiquei que a maioria das pessoas recolhe água de lagos. No entanto, apesar de muitos PSFs terem sido construídos para garantir a segurança da água dos charcos, este estudo descobriu que os PSFs não têm sido viáveis durante um longo período. A falta pode ser o envolvimento da comunidade, operação insuficiente, falta de manutenção do sistema, ou propriedade. Em segundo lugar, este estudo observou que algumas pessoas utilizam os sistemas de recolha de água da chuva para além da estação das chuvas e que algumas pessoas dependem deles durante todo o ano. Isto indica que não fazem qualquer desinfeção em qualquer altura do ano. Pode haver a possibilidade de crescimento de microorganismos, especialmente E.coli, no tanque. Os testes de qualidade da água efectuados em intervalos de um ano podem permitir verificar se a água é segura. Dado que o governo do Bangladesh encorajou as pessoas a utilizarem mais a água da chuva devido à escassez gradual das fontes de água subterrânea, o processo de desinfeção da recolha de água da chuva pode garantir a segurança da água e a utilização sustentável do sistema. Em terceiro lugar, reconhecemos que as pessoas não podem assumir a responsabilidade pelas diferentes fontes de água em casos como os filtros de areia de lagoa (PSF), osmose inversa (RO) e poços tubulares rasos muito encobertos (VSST), que são construídos por organizações governamentais e, nalguns casos, por organizações não governamentais. Sem operação e manutenção suficientes, estes não podem ser sustentados por um longo período. Pode ser proveitoso explorar a forma como estas pequenas fontes de água são mantidas pela comunidade com a colaboração do governo local. Também pode haver a possibilidade de envolver as pessoas na implementação do sistema e determinar quanto dinheiro a comunidade pode contribuir. Este processo criará propriedade dentro da comunidade. Uma investigação mais aprofundada pode indicar a razão da migração. Muitas pessoas migram da zona para outros locais do país e mesmo para o estrangeiro. Poderá haver margem para investigação em relação à migração, para saber se esta se deve a uma crise de água ou à tendência das catástrofes naturais na zona. Por conseguinte, a investigação futura poderá explorar as razões e o resultado da migração relacionada com as alterações climáticas, as catástrofes ou as crises hídricas.

6.1 Recomendação

A situação socioeconómica da população costeira é bastante diferente da do território principal do Bangladesh. Enfrentam sempre fenómenos extremos como ciclones, intrusão de salinidade, etc. É necessário adotar uma estratégia específica e uma abordagem holística para garantir o abastecimento seguro de água potável nesta zona. As principais recomendações são as seguintes

1.   Estratégia especial e plano de ação para o abastecimento de água costeira: uma vez que a zona costeira é vulnerável a catástrofes. Além disso, a intrusão de salinidade ocorre frequentemente nas águas subterrâneas em algumas regiões específicas da zona costeira. É

necessário especificar a viabilidade de diferentes opções de abastecimento de água para que as organizações governamentais e não governamentais possam utilizar a opção adequada.

2.   É necessário aumentar a utilização da água da chuva: A água da chuva é considerada como água potável fresca e o aumento da sua utilização pode reduzir a dependência das águas subterrâneas. É comum que a água da chuva permaneça disponível durante a estação das chuvas e que as pessoas dependam de tecnologias alternativas na estação seca. As respectivas organizações, como a DPHE, precisam de introduzir grandes contentores que possam ser utilizados na estação seca. Além disso, a população rural costeira não está familiarizada com o seu funcionamento e manutenção. É necessário dar-lhes formação periódica sobre o funcionamento e a manutenção.

3.   A utilização de águas superficiais pode ser aumentada através da utilização de meios de filtragem: As populações das zonas costeiras afectadas pela salinidade utilizam filtros de areia de lago (PSF) para beber água. O DPHE e as ONGs construíram muitos PSFs na região costeira como fonte de água doce. Uma das maiores dificuldades do PSF é o facto de não ser sustentável a longo prazo devido a uma conceção defeituosa e à falta de operação e manutenção suficientes. Por conseguinte, as PSF devem ser atribuídas e construídas através do envolvimento da comunidade, para que esta se possa apropriar delas.

4.   Pesquisa de aquíferos frescos através da instalação de poços tubulares de observação: A DPHE precisa de instalar poços tubulares de observação em diferentes locais e preservar o registo de perfuração. Através deste processo, poderão ser descobertos alguns aquíferos muito superficiais ou pouco profundos. Por vezes, a água da chuva pode formar uma camada curta em estratos de 20 a 50 pés. Depois de obter informações da DPHE, a população local pode instalar um poço tubular muito superficial nesta camada durante um curto período de tempo.

5.   As instalações de osmose inversa (OR) devem ser construídas através do

envolvimento da comunidade: O governo do Bangladesh instalou uma central de osmose inversa nas zonas costeiras para obter fontes alternativas de água potável. A sua exploração e custos de manutenção, razão pela qual o beneficiário tem de pagar pouco dinheiro para obter água desta central. Não pode ser mantida sem o envolvimento da comunidade.

Referências

Abedin, M. A., Habiba, U., & Shaw, R. (2014). Perceção da comunidade e adaptação à escassez de água potável: salinidade, arsénico e riscos de seca na costa Bangladesh. *International Journal of Disaster Risk Science*, *5*, 110-124.

Ahmed, A. U. (2006). *Bangladesh climate change impacts and vulnerability: A synthesis.* Célula de Alterações Climáticas, Departamento do Ambiente.

Ahmed, I. (2019). O plano nacional de gestão de desastres do Bangladesh: lacuna entre a produção e a promulgação. *Jornal Internacional de Redução do Risco de Desastres*, *37*, 101179.

Alamgir, F. (2010). Contested waters, conflicting livelihoods and water regimes in Bangladesh (Águas disputadas, meios de subsistência em conflito e regimes hídricos no Bangladesh). *Tese de mestrado não publicada, Instituto Internacional de Estudos Sociais.*

Billava, N. (2018). Um passo para alcançar os Objectivos de Desenvolvimento Sustentável: Um caso de abastecimento de água rural em Karnataka. *Revista de Investigação de Humanidades e Ciências Sociais*, *9*(4), 721-728.

Crow, B., & Sultana, F. (2002). Género, classe e acesso à água: Three cases in a poor and crowded delta. *Society &Natural Resources*, *15*(8), 709-724.

Harun, M. A., & Kabir, G. M. M. (2013). Avaliação do filtro de areia da lagoa como fornecedor sustentável de água potável na região costeira do sudoeste do Bangladesh. *Applied Water Science*, *3*, 161-166.

Hoque, M. A., & Butler, A. P. (2015). Hidrogeologia médica de deltas asiáticos: Estado dos tóxicos e nutrientes das águas subterrâneas e implicações para a saúde humana. *IJERPH*, *13*(1), 1-20.

Hoque, M. A., Scheelbeek, P. F. D., Vineis, P., Khan, A. E., Ahmed, K. M., & Butler, A. P. (2016). Vulnerabilidade da água potável às alterações climáticas e alternativas de adaptação nas zonas costeiras do Sul e do Sudeste Asiático. *Climatic Change*, *136*, 247-263.

Hoque, S. F., Hope, R., Arif, S. T., Akhter, T., Naz, M., & Salehin, M. (2019). Uma análise sócio-ecológica dos riscos da água potável na costa do Bangladesh. *Ciência do Ambiente Total*, *679*, 23-34.

Abedin, M. A., Habiba, U., & Shaw, R. (2012). Health: Impactos da salinidade, do arsénico e da seca no sudoeste do Bangladesh. Em *Environment disaster linkages* (Vol. 9, pp. 165- 193). Emerald Group Publishing Limited.

Park, K. (2005). Livro de texto de Park sobre medicina preventiva e social. *Medicina Preventiva em Obstetrícia, Pediatria e Geriatria.*

Azam, M. G. (2019). AVALIANDO A VULNERABILIDADE ÀS MUDANÇAS CLIMÁTICAS DE BANGLADESH USANDO GIS.

Kraay, A. (2018). Metodologia para um índice de capital humano do Banco Mundial. *Documento de trabalho de investigação sobre políticas do Banco Mundial*, (8593).

Hasan, M. H., Kader, M. A., Shaon, M. T. I., Alam, M. I., & Billah, M. M. (2013). Desempenho do filtro de areia de lagoa (PSF) existente localizado na região sul de Bangladesh: um estudo de caso. *Revista Internacional de Engenharia e Tecnologia*, *3*(6), 600.

Khan, A. F., Srinivasamoorthy, K., Prakash, R., & Rabina, C. (2021). Técnicas hidroquímicas e estatísticas para decodificar as interações geoquímicas das águas subterrâneas e a intrusão de água salina ao longo das regiões costeiras de Tamil Nadu e Puducherry, Índia. *Geoquímica Ambiental e Saúde*, *43*, 1051-1067.

Kormoker, T., Proshad, R., Islam, S., Ahmed, S., Chandra, K., Uddin, M., & Rahman, M. (2021). Metais tóxicos em solos agrícolas perto das áreas industriais de Bangladesh: avaliação de risco ecológico e para a saúde humana. *Toxin reviews*, *40*(4), 1135-1154.

Organização Mundial de Saúde. (1997). Relatório sobre a saúde no mundo em 1997: vencer o sofrimento; enriquecer a humanidade. In *Relatório sobre a saúde no mundo em 1997: vencer o sofrimento; enriquecer a humanidade* (pp. 162-162).

Scanlon, J., Cassar, A., & Nemes, N. (2004). *A água como um direito humano?* (No. 51). Iucn.

Rahman, M. T. U., Rasheduzzaman, M., Habib, M. A., Ahmed, A., Tareq, S. M., & Muniruzzaman, S. M. (2017). Avaliação da segurança da água doce na costa do Bangladesh: Uma visão da salinidade, perceção da comunidade e adaptação. *Ocean & Coastal Management*, *137*, 68-81.

Instituto de Desenvolvimento dos Recursos do Solo (SRDI), 2010. Saline soils of Bangladesh, Ministério da Agricultura, Governo do Bangladesh.

Islam, M. N., Malak, M. A., & Islam, M. N. (2013). Risco de desastre baseado na comunidade e modelos de vulnerabilidade de um município costeiro em Bangladesh. *Natural hazards*, *69*, 2083- 2103.

Shamsuzzoha, M., Rasheduzzaman, M., & Ghosh, R. C. (2018). Construindo resiliência para a escassez de água potável por meio da tecnologia de osmose reversa nas áreas costeiras de Bangladesh. *Procedia Engineering*, *212*, 559-566.

Thomson, P., & Koehler, J. (2016). Monitorização orientada para o desempenho para o ODS da água - desafios, tensões e oportunidades. *Aquatic Procedia*, *6*, 87-95.

Steele, J. A., Blackwood, A. D., Griffith, J. F., Noble, R. T., & Schiff, K. C. (2018). Quantificação de patógenos e marcadores de contaminação fecal durante eventos de tempestade ao longo de praias populares de surf em San Diego, Califórnia. *Pesquisa de água*, *136*, 137-149.

Tran, H. V., Dai Tran, L., Ba, C. T., Vu, H. D., Nguyen, T. N., Pham, D. G., & Nguyen, P.

X. (2010). Síntese, caraterização, actividades antibacterianas e antiproliferativas de nanopartículas de prata monodispersas à base de quitosano. *Colloids and Surfaces A: Physicochemical and Engineering Aspects*, *360*(1-3), 32-40.

Ritchie, H., Spooner, F., & Roser, M. (2018). Causas de morte. *O nosso mundo em dados.*

Banco Mundial. (2018). *Relatório sobre o desenvolvimento mundial 2019: A natureza mutável do trabalho*. Banco Mundial.

Banco Mundial. 2018a. *Relatório anual do Programa de Resiliência da Cidade 2018*. Washington, DC: Banco Mundial.

Organização Mundial de Saúde. (1997). Relatório sobre a saúde no mundo em 1997: vencer o sofrimento; enriquecer a humanidade. In *Relatório sobre a saúde* no *mundo* em *1997: vencer o sofrimento; enriquecer a humanidade* (pp. 162-162).

Rasheduzzaman, S. M. (2017). Turismo Halal: Uma visão geral das práticas actuais. *Proceedings Books*, 1284.

APÊNDICE A: Resultado dos testes laboratoriais

Governo da República Popular do Bangladesh

Gabinete do Químico Principal, Departamento de Engenharia de Saúde

Pública, Laboratório Zonal de Barisal, Estrada C&B, Barisal.

Telefone: 0431-2176153, E-mail : wqmsc_barishalzonallab@yahoo.com

Análise físico-química/bacteriológica da amostra de água

ID da amostra: 01- 40 Total: 40	Distrito: Barguna
Enviado por: Engenheiro-chefe adicional (Obras), DPHE, Daca	Data do ensaio: 07/06/2021 - 15/06/2021
Data de recolha: 07/06/2021	Data de receção: 07/06/2021

RESULTADOS DE ANÁLISES LABORATORIAIS:

Nome do zelador	Aldeia/bairro	União/ Paurashav a	Upazila/Corp o da cidade	Fonte de amostragem	Coliformes fecais (n.o/100 ml) BDS:0		Arsénio (mg/l) LOQ:0,001, BDS:0,05		Ferro (mg/l) LOQ:0,1, BDS:.3-1		Cloreto (mg/l) LOQ:, BDS:150-600	
					Conc	método	Conc.	et od	onc.	et od	onc.	et od
Nasir	Ganpara	Char Duani	Patharghata	PSF	0	FM	0.00136	AS	LOQ	AS	0	M
Shamim	Ganpara	Char Duani	Patharghata	PSF	incontável e	FM	< LOQ	AS	LOQ	AS	5	M
Dulal munsi	Ganpara	Char Duani	Patharghata	PSF	50	FM	0.00332	AS	LOQ	AS	0	M
Ripão	Ganpara	Char Duani	Patharghata	PSF	32	FM	0.00119	AS	.931	AS	80	M
Siddikur rahman	Ganpara	Char Duani	Patharghata	PSF	0	FM	0.00350	AS	LOQ	AS	0	M
Sumon	Ganpara	Char Duani	Patharghata	PSF	incontável e	FM	0.00158	AS	LOQ	AS	5	M
Baccu mia	Ganpara	Char Duani	Patharghata		P	0	0.00345					
				SF		FM		AS	LOQ	AS	5	M
Alam	Ganpara	Char Duani	Patharghata	PSF	42	FM	< LOQ	AS	LOQ	AS	5	M

Name	Union	Village	Patharghata	Source	Count		FM		AS		AS		M
Jakir	Ganpara	Char Duani	Patharghata	PSF	48		FM	0.00128	AS	.355	AS	5	M
Abul kalam	Ganpara	Char Duani	Patharghata	PSF	incontável e		FM	0.00142	AS	LOQ	AS	0	M
Habib Bepary	Ganpara	Char Duani	Patharghata	PSF	44		FM	0.00115	AS	.163	AS	0	M
Sujon	Ganpara	Char Duani	Patharghata	PSF	70		FM	0.00122	AS	.530	AS	5	M
Kamal gazi	Ganpara	Char Duani	Patharghata	PSF	28		FM	0.00140	AS	LOQ	AS	0	M
Sunil	Ganpara	Char Duani	Patharghata	PSF	incontável e		FM	0.00143	AS	LOQ	AS	5	M
São Paulo	Ganpara	Char Duani	Patharghata	PSF	12		FM	0.00157	AS	LOQ	AS	0	M
Jamal	Ganpara	Char Duani	Patharghata	PSF	incontável e		FM	0.00170	AS	LOQ	AS	5	M
Emadul	Ganpara	Char Duani	Patharghata	PSF	0		FM	< LOQ	AS	LOQ	AS	5	M
Chan mia	Ganpara	Char Duani	Patharghata	PSF	incontável e		FM	< LOQ	AS	LOQ	AS	5	M
Mamun	Ganpara	Char Duani	Patharghata	PSF	0		FM	< LOQ	AS	LOQ	AS	5	M
Momtaj begum	Ganpara	Char Duani	Patharghata	PSF	incontável e		FM	0.00116	AS	.597	AS	5	M
Himangsu bairagi	Ganpara	Char Duani	Patharghata	STW	20		FM	< LOQ	AS	.110	AS	915	M
Bidhan Chandra	Ganpara	Char Duani	Patharghata	STW	0		FM	< LOQ	AS	.456	AS	639	M
Vigen dorji	Ganpara	Char Duani	Patharghata	STW	0		FM	< LOQ	AS	.200	AS	689	M
Bikash bairagi	Ganpara	Char Duani	Patharghata	STW	1		FM	< LOQ	AS	.200	AS	614	M
Sujon shikder	Ganpara	Char Duani	Patharghata	STW	0		FM	< LOQ	AS	.238	AS	664	M
Prodip shikder	Ganpara	Char Duani	Patharghata	STW	0		FM	< LOQ	AS	LOQ	AS	589	M

Nome do zelador	Aldeia/bairro	União/ Paurashava	Upazila/Corpo da cidade	Fonte de amostragem	Coliforme fecal (Nº/100 ml) BDS:0		Arsénio(mg/l) LOQ:0,001, BDS:0,05		Ferro (mg/l) LOQ:0,1, BDS:.3-1		Cloreto (mg/l) LOQ:, BDS:150-600	
					Con c	Método	Conc.	método	con c	método	onc.	et od
W ashim dorji	G anpara	ar Duani	Ch harghata	Pat TW	S	M FM	LOQ	AS	.384	AS	288	M
Po nkoj bairagi	G anpara	ar Duani	Ch harghata	Pat TW	S	M FM	LOQ	AS	LO Q	AS	263	M
Ra bindranath bairagi	G anpara	ar Duani	Ch harghata	Pat TW	S	M FM	LOQ	AS	.134	AS	539	M
A nil Chandra Paik	G anpara	ar Duani	Ch harghata	Pat TW	S	M FM	LOQ	AS	.102	AS	090	M
Bi rangshu bairagi	G anpara	ar Duani	Ch harghata	Pat TW	2	M FM	LOQ	AS	LO Q	AS	589	M
To nmoy Paik	G anpara	ar Duani	Ch harghata	Pat TW	S	M FM	LOQ	AS	.293	AS	639	M
M onoj Paik	G anpara	ar Duani	Ch harghata	Pat TW	S	M FM	LOQ	AS	.370	AS	389	M
Su cendra bairagi	G anpara	ar Duani	Ch harghata	Pat TW	S	M FM	LOQ	AS	.307	AS	489	M
Su shil Chandra Paik	G anpara	ar Duani	Ch harghata	Pat TW	S	M FM	LOQ	AS	.447	AS	689	M
Ni rmol paik	G anpara	ar Duani	Ch harghata	Pat TW	S	M FM	LOQ	AS	LO Q	AS	689	M
Su nil bairagi	G anpara	ar Duani	Ch harghata	Pat TW	S	M FM	LOQ	AS	.203	AS	664	M
K hokon bairagi	G anpara	ar Duani	Ch harghata	Pat TW	S	M FM	LOQ	AS	.160	AS	639	M

Kajol rani	Ganpara	Char Duani	Chharghata	PatTW	S		MFM	LOQ	AS	.281	AS	714	M

Bidhan bairagi	Ganpara	Char Duani	Chharghata	PatTW	S		MFM	LOQ	AS	.337	AS	489	M

Nota: LOQ - Nível de Quantificação, BDS - Bangladesh Drinking Standard, AAS - Espectrofotómetro de Absorção Atómica.

STW: poço tubular raso, PSF: filtro de areia de lago, MFM: método de filtração por membrana, TM: método titrimétrico

Teste Realizado por:	Contra-assinado/Aprovado por:
Assinatura	Assinatura
1.) Nome: Md. Lutfor Rahman Designação: Analisador de amostras 2.) Nome: Kazi Zehad Designação: Analisador de amostras	1.) Nome: Shamsuddin Ahmad Designação: Químico sénior.

\

Printed by Books on Demand GmbH, Norderstedt / Germany